통합과학교육

통합과학교육

강호감 · 김은진 · 노석구
박현주 · 손정우 · 이희순

공저

KSi 한국학술정보[주]

머 리 말

통합의 시대, 21세기를 통합의 시대라고 한다. 최근 통합교육에 관련된 저술들은 참으로 많이 나와 있는 반면에 통합과학의 책들은 그 수효도 많지 않고 과학교육 일반에 관한 이론적인 면을 주로 다루고 있음을 알 수 있다. 사실상 이 책은 20세기말인 1999년에 시작된 연구의 산물이다. 우리 저자들은 21세기 교육과 학문의 코드가 "통합"임을 예견하고, 그 필요성에 부응하기 위하여 과학의 통합을 위한 이론적 기반과 실제적 자료를 교육현장에 제공하고자하는 목적에서 저술을 시작하였었다. 그러나 한권의 책이 빛을 보는 과정이라는 것이 그렇게 녹록치만은 않았음을 절감하며, 짧다면 짧고 길다면 길 수 있는 기간동안 그래도 포기하지 않고 틈틈이 발간작업을 진행해 왔음을 고백한다. 조금 더 의미있는 책을 냈으면 하는 욕심에서 원고를 붙들고 있기를 수 년, 하지만 붙들고 있다는 자체가 책의 효용성을 더 떨어뜨리고 있다는 사실을 모르는 바가 아니어서 더 이상은 미룰 수 없다는 판단 하에 부끄럽기 만한 작은 산물을 세상에 내어 놓는다. 좀 더 일찍, 좀 더 완성도있는 책을 만들지 못한 채로 내어놓는 것이 부끄럽기 그지없지만, 시작이 반이라는 격언만큼 통합과학을 위한 첫 걸음이라 생각하고 앞으로 교육계와 학계의 여러 선생님들과 교수님들, 연구자님들께서 끝없는 질타를 해주시기 기대한다. 우여곡절 끝에 이제나마 세상에 나오게 된 것을 다행스럽고 감사하게 생각하며, 앞으로 더 나은 통합과학 저술들이 나오게 되기를 바란다.

2007년 3월

저자 일동

목 차

표 목차

그림 목차

I. 통합과학교육이란?

I. 통합과학교육이란?

1. 통합과학교육의 필요성

과학의 학문적인 성격은 그 지식 면에서는 물리 · 화학 · 생물 · 지구과학 영역으로 나눠어져 있지만, 그 방법 면에서는 이들 지식의 통합적 접근을 통하여 자연현상을 탐구하는 과정이라 할 수 있다. 현대의 과학은 그것이 취급하는 상대에 따라 위의 4가지 영역으로 구분하고 있지만, 사실상 그 경계가 분명하지 않다. 또한 생물화학, 물리화학 등과 같은 간학문이 생성되어 그 구분을 더욱 어렵게 하고 있다. 현대사회는 그러한 과학의 각 학문간의 상호관련성을 더욱 강조하고 있다(Avakian, et al., 1996; Hurd, 1973). 이러한 관점은 과학교육의 근본적인 방향이 통합으로 이루어져야 한다는 것을 의미한다(권재술 · 박범신, 1978; 박승재, 1982; 손연아 · 이학동, 1999; 이영덕, 1983; 이학동, 1997; 조희형 · 박승재, 1994; Avakian, 1996; Hirst, 1974; Lawton, 1978; Pring, 1971).

김기융 등(1982)은 통합과학교육의 기본철학을 다음과 같이 적고 있다. 첫째, 철학적 이유는 자연의 세계는 원래 전체로서 하나를 이루고 있는 통합체이므로 자연과학은 통합화할 수 있는 것이고 따라서 과학의 교수는 통합화되어야 한다. 둘째, 교수/학습의 경제성은 자연과학을 통합적으로 교수/학습함으로써 불필요한 중복을 피할 수 있다. 셋째, 사회의 요구를 보면 현대사회에서는 폭넓은 범위의 자연과학에 대한 교양을 요구한다.

통합과학교육의 필요성을 구체적으로 살펴보면 다음과 같다. 첫째, 과학은 자연을 탐구하는 학문이지, 자연 그 자체가 물리학, 화학, 생물학, 지구과학이 아니다. 학교교육에서의 물리, 화학, 생물, 지구과학은 자연의 탐구가 복잡한 양상을 나타냄에 따라 분화된 경향이 나타났다. 전통적인 학교교과의 물리, 화학, 생물, 지구과학은 전문적인 학문과 직접적인 관련을 지음으로써 시작되었다. 당시 물리학은 물리적인 현상을, 화학은 화학적인 현상을, 생물학은 생물체를 대상으로 하는 별도의 학문으로 구분되었다. 그러나 오늘날, 물리적인 현상과 화학적인 현상 사이의 구별이 불명확하며, 궁극적으로 두 현상 모두가 에너지와 물질과 관련되어 이해할 수 있게 되었다. 뿐만 아니라, 생물과 지구과학에 관련된 모든 현상도 과학의 기본개념과 방법을 통하여 이해하고 있다.

둘째, 학생들이 과학을 물리, 화학, 생물, 지구과학의 분과의 교과구조로 학습하면 그 사이를 넘을 수 없는 것처럼 착각하여 학습한 개념이나 원리의 전이를 저해한다. 또한 "중등학교 수준에서 과학을 물리, 화학, 생물로 분과하는 것은 합리적이지 않으며, 경제적이지도 않다. 이 세 과정 전체를 통합한 3년 과정이, 분과된 세 교과를 차례로 학습하는 것보다 월등히 바람직하다(Zacharias, 재인용)."

셋째, 초보적으로 탐구하고자 하는 초등, 중등학교 학생들에게 인위적으로 구분된 자연을 탐구의 대상으로 삼게 할 필요는 없다. 즉 학교교육에서 과학을 전통교과의 틀로 제한하여 학생들에게 학습시키는 것은 바람직하지 않다.

넷째, 최근 과학 교과들의 경계가 불명확해지고 있을 뿐 아니라 새로운 교과인 간학문 등이 속속 대두되고 있다.

다섯째, 과학교육을 통하여 추구하고자 하는 목적, '과학적 소양(scientific literacy)'은 물리를 공부하든, 화학을 공부하든 동일한 것이다. 이를 위한 현대과학교육의 목표 영역은 지식 · 이해, 탐색 · 발견, 상상 · 창의, 감정 · 가치, 사용 · 적용이다.

2. 통합과학교육의 정의 및 기능

통합과학교육은 통합과학의 정의를 살펴봄으로써 방향을 설정할 수 있다. 1974년 UNESCO는 통합과학을 다음과 같이 정의하고 있다.

"Integrated science has been defined as those approaches in which concepts and principles of science are presented so as to express the fundamental unity of scientific thought and to avoid premature or undue stress on the distincions between the various scientific fields."

아 · 태 지역 워크샵에서는 통합과학에 대하여 공통된 정의를 내릴 수 없었으나, 통합과학이 "총체적인 접근 방식(holistic approach)"을 전제로 하고 있다는 결론에 도달하였다(최돈형, 1987).

권재술 · 박범익(1978)은 통합과학은 보다 근본적이라고 인정되는 과학의 개념 또는 주요 탐구능력을 중심으로 과학의 여러 개념이나 여러 자연현상을 체계적으로 조직하는 것이라고 정의하였다.

이규석(1993)은 통합과학을 학문으로서 발전해 온 과학의 여러 영역 중 특정 영역에 치우치지 않고, 모든 학생이 배울 과학내용으로 구성된 과목이라고 정의하였다.

김현수(1978)에 의하면, 통합과학은 과학을 단편적인 과학적 지식의 집합체로 보지 않고, 통합적 과정인 자연 사물 현상의 이치를 스스로 탐구하는 과정으로 보고 있다.

위와 같은 통합과학의 정의에 기초한 통합과학교육은 통합의 범위나 형태에 따라 다르게 정의된다. 예를 들면, 물리, 화학, 생물, 지구과학 교과의 다양한 연관성을 포함하는 정도에 따라 분과형(Discipline-based), 병행형(Parallel), 다 학문 간의 통합(Multidisciplinary), 간학문 간의 통합(Interdisciplinary), 그리고 탈학문적인 통합(Transdisciplinary)으로 구분된다(Clark, 1991; Jacobs, 1989). 그리고 선택된 내용들이 어느 정도의 깊이로 통합되는가의 심도에 따라 협동과정 통합과학, 연합과정 통합과학, 혼합과정 통합과학(신희명 · 이원식, 1985)으로 구분된다. 예를 들면, 통합과학교육과정은 둘 이상의 과학 분야를 포함하는 주제들을 다룰 때 사용되어지며, 이 접근은 학생들이 실제 세계에서의 경험과 가장 유사하다는 전제에 기초한다(조정일, 1993).

한편 손연아(1997)는 (1) 물리, 화학, 생물, 지구과학의 개념을 상호 연관지음으로서 자연현상을 통합적으로 인식시키는 통합교육, (2) 인간생활에서 일어나는 문제(예를 들면, 인구, 공해, 범죄, 환경……)의 해결책을 찾는 과정에서 과학, 정치, 경제, 기술, 문화 등의 다양한 학문이 등원되는 통합교육, (3) 학문(교과)의 범위를 넘어서 아동의 관심, 흥미, 경험을 중심으로 학습내용이 선정되고 표현활동까지 전개되는 통합교육으로 정리하였다.

통합과학교육의 기능을 유형별로 분석하면, 인식론적 기능, 심리적 기능, 사회적인 기능으로 나타난다(김재복, 1984). 전통적인 철학과 심리학적 이론을 바탕으로 정립된 인식론적 기능은 두 가지의 특징을 가진다. 첫째, 새로운 지식의 폭증으로 인하여 기존 지식은 급속히 진부화되기 때문에 이를 해결하기 위하여 넓은 영역의 학문적 구성이 이루어진다. 그리하여, 관련 영역으로부터 주요 개념이나 기본 원리를 중심으로 아이디어를 종합하여 교육과정을 구성함으로써 그 내용을 모두 포괄할 수 있다는 것이다. 둘째, 지식영역의 상호관련으로 각 지식 분야의 상호관련성을 이해하고 파악할 수 있을 때, 지식 습득의 의미를 가지며, 이렇게 습득된 지식을 실생활과 연결시키는 과정에서 당면한 문제들을 해결할 수 있는 능력을 갖추게 된다는 것으로 특징지어진다.

통합과학교육의 심리적 기능과 사회적 기능은 현대적인 과학철학과 심리학 이론에 기초를 두고 분석할 수 있다. 통합과학교육의 심리적 기능은 학습과정, 학습자의 발달수준, 그리고 총체적인 교육의 세 가지의 특징을 가진다. 첫째, 학습자의 학습과정에 일치하는 교육을 실시할 수 있다. 과학교육과정의 통합적 지도는 학습자들에게 '어떤 지식'을 습득시킬 것인가보다는 '어떻게' 배워야 할 것인가에 대해서 강조한다. 둘째, 학습자의 발달수준과 필요에 적합한 교육의 실행을 가능하게 한다. 예를 들면, 유아나 초등학교에서는 현상에 대한 호기심이나 표현중심으로 통합하며, 초등학교 고학년은 문제중심의 융합적 통합이 가능하며, 중학교 수준 이상의 학습자들에게는 추상적인 사고에 맞추어 다양한 형태의 방법이 사용 가능하다. 셋째, 통합과학교육은 어떤 현상에 대한 이해를 위하여, 각 교과의 영역보다 총체적인 접근으로 다양한 사고와 과학의 본성에 대한 이해를 가능하게 한다. 통합과학교육은 한 개인, 개인과 다른 사람, 사회, 자연과 환경에 대한 통합적인 이해를 가져온다.

통합과학교육의 사회적 기능은 "학습자가 사회생활을 영위하는 데 통합과학교육을 통해서 어떤 이점을 얻을 수 있는가?"라는 질문과 관련된다. 첫째, 사회문제를 해결하는 데 있어서 과학적 사고 및 태도로서 대처할 수 있다. 즉, 종합적인 사고 능력이나 논리적 판단력 그리고 문제해결력의 함양이 가능하다. 둘째, 과학과 생활, 그리고 학교와 사회를 연결시켜주는 다리 역할을 한다. 학습자에게 과학과 실생활을 연결시킴으로써, 학습자가 사회생활을 영위하는 데 현명한 판단과 선택을 가능하게 한다. 이는 곧 개개인이 자아실현 및 자기만족과 더불어 인류사회에 기여할 수 있는 밑바탕을 제공할 것이다.

3. 구성주의와 통합과학교육

구성주의는 1970년대 이후의 통합과학교육의 기본 사상을 제공한다. 현대사회에서, 다양한 개성과 요구를 가진 학습자를 위한 가장 일반적인 교육목표는 다음과 같은 두 가지로 정리된다. 첫째, 교육체제에 적응시키는 것이고, 둘째, 학생들이 현재와 미래, 학교 및 외부 사회에서 성공적인 구성원으로 역할을 담당할 수 있게 하는 것이다. 19세기의 교육은 산업 사회에 필요한 사회화 기능이 주된 기능이었다. 그러한 '다수를 위한 교육'은 기초적인 지식의 습득에 중점을 둔 반면, 높은 단계의 사고 및 지적추구는 엘리트 통치 집단의 전유물이었다.

한편, '정보 시대'라 일컫는 현대 기술 혁명의 시대에는 다원주의와 지속적이고 역동적인 변화가 특징이다. 정보는 무한하며 역동적이다. 이 시기에는 적응 가능하고 사고력 있으며, 자율적인 자기조절 학습자, 다른 이들과의 의사소통과 협동이 가능한 학습자가 요구된다. 즉 현대사회에서 요구하는 학습자의 능력은 문제해결, 비판적 사고, 관련 정보탐색, 자세한 정보에 입각한 판단, 정보의 효율적 사용, 관찰·조사·수행, 새로운 것의 발명, 자료 분석, 자료 제시, 구두 및 문자 표현 등이다. 또한 자기반성과 자기평가 등의 메타인지 능력도 포함된다. 뿐만 아니라, 토론 및 대화를 이끌어나가고 설득, 협동, 집단 작업 등을 할 수 있는 사회적 능력과 인내, 내적 동기, 독창성, 책임감, 자기 효능감, 독립, 유연성, 좌절적 상황에 대처하는 정의적 성향을 지닌 학습자의 과학적 소양이 필요하다.

가. 패러다임의 변화: 구성주의

19세기 실증주의 사회학은 사회를 관찰과 실험에 의하여 인식되고 검증되는 구조로 보고, 사회적 결과를 예측하고 일반화할 수 있는 법칙의 형성과 발견에 그 목적을 두었다(Guba & Lincoln, 1989). 이 관점에서는 자연적·물리적 세계와 사회적·문화적 세계가 서로 구분되지 않으며, 자연현상과 사회현상 모두 인과관계에 의해 설명될 수 있음을 전제로 하고 있다. 이것은 사회현상을 양적이고 통계적인 자연과학의 방법으로 설명해야만 그것의 정당성을 확보할 수 있다는 과학적 패러다임으로 구분된다(김병성, 1994).

과학적 패러다임에 의하면, 교육은 사회구성원으로서의 개인을 사회에 적응시키고 동시에 개인을 사회의 일원으로 통합시킴으로써 사회가 요구하는 인력을 양성하고 공급한다는 교육의 기능을 강조한다(김병성, 1994). 그러나 실증주의가 자연과학의 기계론적인 연역방식과 설명방식을 그대로 사회과학에 적용함으로써, 인간을 기계론적이고 수동적으로 만들어 인간의 능동적이고 주관적인 요소를 최소화하였다고 비판하는 새로운 관점의 시각이 나타났다. 즉 자연적 세계와 사회적 세계가 본질적으로 다르다는 점을 강조하고 인간의 생활을 이해하는 데 일차적인 관심을 두고 있다.

이러한 해석적, 구성주의 패러다임은 과학적 패러다임처럼 인간의 행위나 상호작용이 공유된 일정한 규칙에 지배된다고 보지 않는다. 구성주의 패러다임은 인간의 상호작용 속에서 이루어지는 해석과 의미 부여에 관심을 두고 있으며, 상호작용을 하나의 해석적 과정으로 파악한다. 즉, 인간은 능동적인 존재로서 의미는 타협의 결과라는 것이다. 따라서 사회질서는 상호작용을 통해서 행위자들이 만들어 내는 것으로써, 사회생활은 하나의 과정으로 이해한다.

한편, 절대불변의 지식이 획득될 수 있다는 객관주의의 전통적인 가정은 과학을 포함한 모든 지식은 지식이 만들어지는 상황(context)으로부터 구성되며, 따라서 절대불변이 아닌 상대적인 개념인 구성주의 패러다임에 의해 비판되었다. 이러한 입장에 의하면, 교수·학습은 실제 사회에서 상황화된 구성활동이며, 학습자가 지식을 능동적으로 구성한다는 것이다.

나. 구성주의에서의 과학교육

구성주의는 어떻게 가르칠 것인가에 대한 교수이론이 아니다. 그것은 지식이 어떻게 형성되는 것이며, 학습은 어떻게 이루어지는가에 대한 학습이론이다(Duffy & Jonassen, 1992; Fosnot, 1989, 1996). 구성주의는 학습, 즉 지식의 형성과 습득이란, 특정 사회구성원인 학습자 개인의 인지적 활동에 의해 구성되는 것이라는 상대주의적 인식론에서 출발한다(강인애, 1998). 따라서 지식이라는 것은 어떤 절대적 가치를 지닌 것이 아니라, 개인의 의미부여 및 해석의 결과라는 것이다. 물론 이때 개인은 한 특정사회의 구성원이기에 자신의 의미 구성과 해석에 대한 다른 구성원들의 동의 및 검증을 반드시 거쳐야 한다. 구성주의는 학습자에게 학습 환경에서의 자율성, 권위, 선택권들을 대폭 위임하고, 더불어 책임성을 강조한다(강인애, 1997, 1998; 박현주, 1997; 황윤한, 1996). 왜냐하면 학습내용을 학습자 개개인이 지닌 인지구조(cognitive structure)에 따라 자신의 인지적 구조에 잘 맞는 것만을 '선택적'으로 인지하여 구성하기 때문이다.

어떤 교사들은 학생들이 특정 과목에 대하여 흥미를 갖고 있지 않기 때문에 학습효과가 낮다고 한다. 그러나 구성주의 입장에서 보면 문제는 교과목 자체에 있는 것이 아니라 교사가 그 과목을 어떻게 가르치는가, 혹은 거기서 다루는 과제나 문제들의 성격이 어떠한가 등과 같은 것에 있다고 본다(강인애, 1997). 모든 교과목에 학생들이 관심을 보일 것이라고 기대하는 것은 너무나 이상적인 생각이다(Bruner, 1971). 그러나 관심은 분명 '만들어질 수 있는' 것이며 '생겨날 수 있다'(Brooks & Brooks, 1993, p.35)는 것이다. 궁극적으로 구성주의는 교사와 학생 간의 관계의 재형성을 지향한다(강인애, 1997). 교수/학습에 있어서 교사에게 집중되어 있던 학습 환경의 주도권에 대한 권한의 집중화를 학생들에게 이양하여, 나아가 학생들의 목소리, 경험, 지식에 대한 정당성과 가치부여를 강조한다. 그리고 학교 내에서만 통용될 수 있는 고립된 지식이 아니라 학생들의 현실과 밀접한 관계가 있는 지식과 기술이 될 수 있도록 해야 하며, 주어지는 과제는 학생들의 깊이 있는 사고와 탐색을 반드시 요구하는 것이어야 한다는 것이다.

II. 통합과학교육의 역사

II. 통합과학교육의 역사

자연과학에서 통일된 원리를 추구하고자 하는 노력은 과학자들의 오래된 열망이다. 고대의 자연철학자 Aristotles에서 현대의 Einstein에 이르기까지 많은 과학자들은 자연에는 통일된 이론이 있으리라 믿고 그것을 찾고자 노력하였다(신희명 · 이원식, 1985). 뿐만 아니라 과학자들은 자연현상 또는 과학을 물리, 화학, 생물, 지구과학 등으로 완전하게 분리하여 이해하지 않는다. 학생들에게도 또한 자연이 존재할 따름이지 물리, 화학, 생물, 지구과학 등과 같이 분리되어 존재하지 않는다. 이것이 과학학습에 있어서 통합과학의 중요성을 인식하게 한다. 통합과학교육의 역사적 배경을 구체적으로 살펴보기로 하자.

1. 19C 초의 통합과학교육

19C 초 교육학자들은 실질적인 결과물로 지식의 적용을 거의 고려하지 않고 어떻게 연구하며 지식을 만들 것인가를 가르치는 데에 자신들의 관심을 제한하였다. 그러나 19세기 중반의 대학들은 기술을 설명하고 조직하고 묘사하고자 노력하는 교사-연구가의 새로운 방향에 대하여 문호를 개방하였다. 즉 대학들은 학교 지식 실행의 교훈을 새로운 구조와 봉사 생산의 방법을 가르치는 것으로 결합할 수 있는 미래의 기술자를 양산하는 것을 목적으로 하였다.

교육에서 총체적이며 통합된 인간을 기르기 위한 관심은 Platon, Comenius, 그리고 Rousseau 등 많은 학자들의 이론에서 발견된다(김재복, 1983). 19C 미국의 교과통합운동은 유럽의 교육개혁자들과 과학화운동의 영향을 받았다. 미국과 영국에 많은 영향을 준 과학화운동은 교육자의 실험적 태도에 큰 영향을 끼쳤다(DeBoer, 1991). 교육학자들은 그들 이론의 효율성을 알아보기 위해서 다양한 방법으로 실험을 실시하였고, 이를 위하여 실험학교도 설립하였다. 미국의 Parker는 실험학교 설립의 개척자로 유럽의 교육개혁자들 중 특히 Herbart의 교육학적 이론을 지지하였다. Parker의 실험학교에서는 Herbart의 교육과정 통합이론에 기초하여 교육과정을 구성하였으며, 그에 따른 실행을 하였다(Tanner & Tanner, 1980).

Herbart의 교육학은 1890년대 미국교육학자들의 주목을 끌면서 과학 교수 및 여러 실천 연구의 방향을 제공하였다. Herbart 사상은 그 사상을 가르쳤던 독일의 예나 대학에서 유학한 수많은 미국교육학자들에 의하여 미국으로 들어왔다. Herbart는 교육과정의 조직에 대한 방향을 제공하였다. 그에 의하면, 교육이 두 가지 이상의 교육과정 영역과 관계된 통합적인 주제를 만드는 수많은 시도가 이루어져 개성발달이라는 한 가지의 목표에 초점을 맞추고 완벽한 균형을 갖추어야만 한다는 것이다. 즉, Herbart는 여러 상황에서 개인의 명확한 사고를 요하는 민주사회에서는 교과가 분리되어서는 곤란하며, 이러한 사고의 배양을 위해서 학생의 자연스러운 학습방법에 따라 교과의 집중화 또는 단일화가 필요하다고 주장하고 이를 실행에 옮겼다.

그러나 Herbart의 제자 DeGarmo(1895)는 학습의 상관관계를 위한 수많은 계획을 제시했고 그것의 상대적인 장점에 비중을 두었다. 그는 교육과정에서 개별적인 과정(individual courses)의 조정(coordination)은 일부 주요 원리에 모든 지식을 관련(correlate)짓는 것보다 더 낫다고 하였다. 즉,

> 조정(Coordination)은 각 중요 교과 또는 교과군(subject groups)들이 자체 발달의 원리를 가지고, 더 낮은 단계에서 쉽고 자연스럽게 연결되는 것을 허용하며, 학생들이 충분히 성숙해서 이러한 상태의 사고를 이해할 수 있을 때까지 지식의 가장 높은 수준의 철학적 파악을 시도하지 않는다. 게다가, 조정은 한번에 한 가지의 교과를 제시함으로써 우발적인 처리의 위험에 중요한 학문을 방치하는 것으로부터 벗어나게 한다.

일반적으로, 19C 미국 과학교육에서는 이러한 사상이 우세해 폭넓게 통합된 간학문적 영역과는 대조적으로 개별적인 학문 영역의 발달이 이루어졌다.

2. 1920년대 이후의 통합과학교육

세계 1차 대전 이후부터 현대에 이르는 동안, 통합교육과정의 필요성이 점차적으로 다시 논의되기 시작하였다. 세계 1차 대전은 교육자의 관심을 교육과 사회 상황과의 관계에 집중하도록 만들었다(김대현과 이영만, 1995). 아울러, 실용주의 철학의 영향을 받아 진보주의 교육운동이 시작되었고, 이 진보주의 교육은 1920~1950년대에 걸치는 기간동안 교육계에 지대한 영향을 주었다.

진보주의 교육운동의 특성으로 '통합'이라는 용어를 빼놓을 수 없다. 진보주의 교육운동이 내건 개혁목표 중의 하나는 학생들의 현실생활에 의미 있는 교육을 베풀자는 것이다. 그리고 학생들에게 의미 있는 교육이 되기 위해서는 교육과정의 내용을 어떤 형태로든지 통합되어야 한다는 것이다. 진보주의 교육개혁자들은 의미 있는 경험의 통합을 이루고자 교육과정 통합에 대한 노력을 시도하였다. 그러나 많은 사람들이 통합이라는 말을 사용하였기 때문에 '통합' 개념에 대한 해석이 하나로 통일되기가 힘들다. 예를 들면, 당시의 교육과 관련되어 사용되던 통합의 개념은 행동의 통합, 교육과정의 통합, 교사와 학생 간의 통합, 민주사회에서의 통합적인 학교의 기능, 학습이 일어나는 방법 등 여러 의미로 사용되었다(Hopkins, 1936).

진보주의 교육의 중심인 경험중심교육과정에서 다루어지는 몇 가지의 기본 관점은 오늘날 통합교육과정의 고전적 모형이다(곽병선, 1983). 경험중심교육과정은 교육과정을 학생들이 생활 상황에서 갖는 교육적 경험으로 정의한다. 즉 학교교육은 문제상황을 해결하는 데 도움을 줄 때 진정한 가치를 지닌다. 따라서 교육과정이 반드시 국어, 사회, 과학 등 전통적인 교과구분에 따라 조직될 필요 없이 생활의 문제 상황을 중심으로 하여, 그것에 관련된 여러 교과들을 통합하여 가르칠 수도 있다. 또한 전통적인 교과구분을 따르는 경우에도 그 내용은 주로 생활의 문제를 해결하는 데 도움이 될 수 있도록 선정되고 조직된다.

통합교육과정에 절대적인 영향을 미친 사람인 J. Dewey는 경험을 유기체와 환경의 통합과정으로 보고 있다(이돈희, 1982). 그 과정에서 개인은 욕구, 희망, 또는 목적 때문에 환경과 작용을 하고, 환경을 수정한다. 그러한 상호작용의 과정 속에서 개인도 또한 수정된다. Dewey의 일반적인 교육방법은 문제해결방법이다. 변화하는 환경에 적응하면서 문제에 봉착하게 되고, 또 문제를 해결하는 과정에서 개인은 경험과 학습을 재구성한다.

Dewey에 의하면, 교육은 결과가 아니고 과정이다. 따라서 Dewey의 철학은 경험의 통합과 밀접하게 관련되어 있고, 경험은 학습자의 목적 또는 문제를 중심으로 통합된다(Worton, 1964).

이러한 진보주의 교육운동의 영향과 더불어 과학적 교육운동은 당시의 교육에 많은 영향을 끼쳤으며, 특히 제1차 세계 대전은 교육과 사회와의 관계에 관심의 초점을 집중시키게 하였다. 그리하여 1920년대와 1930년대에는 교육과정의 개선에 대한 관심이 고조되었고, 1940년대까지는 Dewey의 경험중심의 통합적인 교육방식이 절대적인 영향을 미쳤다.

Dewey는 심리학, 철학적 이론은 개인적 경험과 사회적 경험을 조화 있게 통합하는 것을 목표로 하며, '교육은 성장이다'라고 강조하였다(Dewey, 1963). 그는 아동의 성장이란 단순히 생물학적 발달 단계나 과정에만 국한시키는 개념이 아니라 지성적 행동과도 불과분의 관계를 갖는다고 주장하였다. 경험중심교육과정의 이러한 문제해결을 통해 경험의 통합을 촉진시킨다는 시도는 명확한 교육목적의 결여, 아동의 흥미에 대한 지나친 존중, 지식의 체계적 접근에 대한 도외시 등의 비판과 이전부터 존재한 항존주의자, 본질주의자들의 반발과 더불어 1950년대 중반부터 점차 쇠퇴되어 갔다(유한구, 1986).

3. 1950년대 통합과학교육

Dewey 이후, 교육에 큰 영향을 끼친 사람은 Bruner이다. Bruner의 '교육의 과정(The process of education)'에 의하면, 교과의 교육과정은 학문의 구조가 되는 주요원리를 알 수 있는 가장 기본적인 것에 대한 이해를 중심으로 결정되어야 한다는 것이다(Bruner, 1959). 즉 Bruner는 모든 지식의 중심에는 근본적인 사상 및 기본주제가 내재되어 있으며, 이러한 근본적인 사상 및 기본주제가 바로 교육과정 조직의 기초를 이루어야 한다고 강조하였다. Bruner는 교육과정 통합을 직접적 또는 구체적으로 언급한 바가 없다. 그러나 교육과정 통합의 목표를 학습의 효율성과 유용성의 관점에 둔다면, Bruner의 '지식의 구조' 개념과 그것을 중심으로 한 교수 이론에서 '과학교육통합'을 위한 어떤 시사를 받을 수 있다.

Bruner를 중심으로 하여 전개된 학문중심교육은 두 가지 경향을 띠고 있다. 첫째, 지식의 구조를 전제로 하여 학문(교과)의 분화를 더욱 강조한다. 둘째, 학문(교과) 간의 통합이다. 두 번째 관점은, 지식의 통합을 인간에게 주는 의미 또는 탐구방식에 따라서 유사성 있는 것끼리 묶는 것을 의미한다. 또한 통합에 대한 Bruner의 관점은 그가 제안한 교수요목인 '인간(Man: A course of study)'을 통해 볼 수 있다. 이 교수요목은 인간이란 무엇인가? 어떻게 참다운 인간이 될 수 있는가? 보다 훌륭한 인간이 되기 위한 방법은 무엇인가?에 대한 질문들을 포함하고 있다. 각 질문들은 다섯 가지 주제, 즉, 도구 만들기, 언어, 사회적 조직, 아동 관리(육아), 인간의 세계관을 통하여 학습하도록 설정되었다. 이 학습을 위한 필요한 기본개념 및 원리들은 여러 학문 영역에 걸쳐 구성되어 있다. 예를 들면, 언어학, 기술공학, 심리학, 문화인류학, 사회학, 철학 등이 서로 관련을 맺으며 구성된다(이영덕, 1969).

Bruner는 지식의 구조를 전제로 하여 교과의 분화를 강조한 반면, 지식의 형식을 통하여 통합을 이루고자 하였다. 의미 또는 탐구방식에 따라 유사성 있는 것끼리 지식을 묶는 방법, 즉 아이디어 또는 연합된 활동으로 지식을 묶는 방법을 시도하였다(McNeil, 1977).

4. 1960년대 통합과학교육

Bruner의 교육사상이 주를 이뤘던 1960년대에 들어서도 통합과학교육에 대한 관심은 지속되었다. 영국은 1962년부터 Nuffield 재단의 지원을 받아 여러 가지 다양한 초·중등학교의 과학교육 프로그램을 개발하였다. 이 프로그램은 과학의 기본개념을 효과적으로 학습할 수 있는 소재(topic)을 선정하여 탐구학습을 하도록 구성되었다. Nuffield 과학교육 프로그램은 초등학교 과정으로 'Science 5-13,' 중등학교 과정으로 Combined Science(11세-13세), Integrated Science, Ordinary level이 , 고등학교 과정으로 Advanced level 등을 포함한다.

한편 미국은 1964년부터 Intermeiate science curriculum study(ISCS)를 조직하고 중학교에서 계통적으로 학습할 통합과학 과정의 개발에 착수하였다. ISCS는 미국 Florida 주립대학 교수들이 주축이 되어 연구 개발한 중학교 과학교육과정이다. 이것은 과학의 일상생활에서의 필요성이 날로 증가하기 때문에 과학학습에서 자연현상에 대한 설명과 내용의 검증적, 기억적 방법을 지양하고 학습과정을 중시한 기본개념을 탐구적인 방법으로 이끌어 나가도록 강조하는 과학교육목표로의 변화에 의한 것이었다.

통합과학교육의 구체적 실천 방안에 대한 과학교육자들의 열망에 따라, 1968년 불가리아에서 첫 번째 통합과학교육 국제학회가 개최되었다. 이 학회에서, 중등학교 학생들에게 기초 과학 분야를 의미 있게 통합하여 과학교육을 시키는 방법에 대하여 논의함에 있어서 완전한 통합(complete integration)과 대등한 조정(coordination)을 구별하였다. 전자는 과학을 한 과학으로 제시함에 개념들이 의미 있게 관련 지워진 하나의 통일된 접근 방법으로 제시되는 것을 뜻하며, 후자는 여러 학문분야들을 주의 깊게 계획해서 협조하도록 하는 것을 뜻한다. 그 첫 번째 회의에서 다음과 같은 다섯 가지의 결론을 이끌어냈다.

첫째, 통합과학의 교수는 교육에 기여하고, 기초적인 과학의 합치를 강조하며, 당시 사회에서의 과학의 역할에 대한 이해를 도모한다.

둘째, 통합과학의 코스는 환경의 보다 깊은 이해를 위한 관찰의 중요성을 강조해야 한다. 즉 논리적 사고와 과학적 방법을 학생들에게 소개해야 한다.

셋째, 통합된 코스가 현명하게 선택되어야 하는 것은 필수적이다. 그것은 서로 다른 교사와 다른 전문가들 사이의 협력에 의하여 신중하게 구성되어야 한다.

넷째, 통합의 범위와 통합과 조정 사이의 균형은 학생의 연령, 교육기관의 유형과 지역 여건에 의존할 것이다. 중등교육의 저학년 수준에서는, 실험과학의 전체적인 통합을 일반적인 바람직한 것으로 보인다. 중등교육의 고학년 수준에서는, 특히 과학을 전공하지 않고자 하는 학생들에게 그러한 코스가 또한 바람직할 것이다.

다섯째, 과학은 특히 과학적 호기심과 과학적 태도와 기술을 발전시키는 교육의 아주 중요한 부분이다.

그 후 제2차 회의에서는 "통합과학은 과학의 개념과 원리를 과학적 사고의 통합체(unity)로서 나타냄으로써 여러 과학 분야 사이의 불필요한 마찰을 피하려는 접근 방법이며, 과학의 본성과 STS를 포함해야 한다(UNESCO, 1974)"는 결론이 내려졌다.

5. 1970년대 이후의 통합과학교육

1970년대에 들어와서 교육과정 통합에 대한 논의와 실시는 특히 영국에서 활발하였다. 영국의 학교 평의회 (Schools Council)가 지원하여 개발된 대표적인 연구과제로서 Integrated studies project(1968-1972), Humanities curriculum project(1967-1972), Integrated science project(1969-1978)가 있다. 이 중 Integrated science project는 13-16세 학생들에게 물리학, 생물학, 화학을 통합적으로 이해시키기 위한 과학 프로그램을 개발한 것이다. 이 프로그램의 중심 아이디어는 과학의 중요한 일반화로서 형식을 추구하도록 하는 데 있으며, 이 형식은 자연현상의 이론적 실제적 문제를 해결하도록 유용하게 쓰이는 것들이다. 이 통합 프로그램의 결과는 한 교사가 가르치는 이상으로 하였다.

한편 미국의 경우, 1970년대에는 교과 간의 통합과정의 작성과 그 교수방법에 관한 연구와 논의가 지속되었다. 또한 미국의 과학교육 공동체에서는 지구촌 시대의 과학적 소양을 갖춘 일반 민주 시민을 육성하기 위해서 학교에서 과학을 가르치는 데 사용된 접근 방식과 과학교육과정을 수정할 필요가 있음을 인식하였다. 그중 Portland 주립대학에서 추진하였던 Portland project는 고교 수준의 통합과학교육과정에 관한 것이었다. 이것은 물리와 화학을 통합적으로 지도할 필요성을 인식하게 됨으로써 시작되었고, 그 후 화학과 생물, 그리고 물리·화학·생물 등을 통합하는 과정도 개발하였다(정연태·진성덕·전수우, 1976).

오늘날의 통합과학교육은 다양한 측면에서 이루어지고 있는데, 대표적인 것이 Patterson을 중심으로 한 인간중심교육이다. 이 교육은 각 개인에게 만족스러운 경험을 제공해주어야 한다는 것을 강조하고 있다(김재복, 1989; Patterson, 1973). 인간중심교육은 그 이론의 궁극적 가치를 인간 자체에 두고 있으며, 인간의 생활을 보람 있게 영위할 수 있는 자아실현과 원만한 인간관계를 이상적인 교육의 목표로 추구한다. 인간중심교육에서는 이상적인 사고와 아울러 사람의 느낌과 행동에 관심을 두고 있으며, 학문과 예술을 통합하고, 지적 능력의 개발과 심미적 정서의 함양, 인간 상호간의 접촉을 통한 사회성의 계발 및 사고를 통한 문제해결을 추구한다. 따라서 교육은 인간행동과 관련된 경험의 통합을 중시하며 학문은 이성적 사고와 자아실험을 위한 도구로서 강조된다. 즉 인간중심교육은 개인의 학습경험을 통합하고, 생활 속의 지식을 학습자에게 제공함으로써 전인교육을 이루고자 한 것이다(조승제, 1993).

현대 과학교육에 커다란 영향을 주고 있는 미국의 통합과학교육의 변천을 살펴보기로 하자.

가. Project 2061, 미국과학진흥협회(American Association for the Advancement of Science)

Project 2061은 1985년에 시작되었다. 이때 우연하게도 핼리혜성이 지구로 접근하던 때와 일치하였다. 이 혜성의 주기는 76년이다. 따라서 미국과학진흥협회는 이 혜성이 다음 번 지구로 접근하는 해인 2061년을 따서, Project 2061이라는 명칭을 정하였다.

Project 2061은 모든 사람이 과학적 소양인이 되기를 원한다. Project 2061에 나타난 특징은 내용 구성면에서 생활환경을 비롯하여 인간사회 및 설계된 세계를 다루고 있는 것이다. 즉 인간 및 사회적 측면과 연관시켜 과학, 수학, 공학을 다루고 있다.

과학과 통합 교육과정의 내용적 기초라고 할 수 있는 이것은 모든 미국 국민을 위한 과학을 지향하고 있다. 여기서 시도되고 있는 과학 영역 간의 구별 감소는 미국의 과학교육과정 및 프로그램의 재구성에 막대한 영향을 미쳤을 뿐만 아니라, 전 세계적으로도 통합과학에 대한 관심을 불러일으켰다.

나. Scope, Sequence, & Coordination(SS&C)

미국과학교사협의회(NSTA)에 의하여 1989년 추진된 연구이다. 이 연구는 미국 과학교육과정을 비판하는 데서 시작하였다. 즉 미국교육제도 K-12의 '학년 7'에서 '학년 12'까지는 학생들이 과목을 선택(tracking)하도록 되어 있기 때문에, 어려운 과학과목을 선택하지 않고 대학을 입학하는 문제가 생겨났다. 그래서 이 연구의 목적은 전통적인 케이크층 교육과정("layer cake" curriculum)을 없애고, 학생들에게 일정한 내용(scope)을 일련의 순서(sequence)와 통합(coordination)된 프로그램을 통해 과학을 매년 가르치자는 취지이다.

다. 국가과학교육표준(National Science Education Standards)

국가과학교육표준은 지식의 간학문과 통합적 발달을 촉진하였다(AAAS, 1993; NRC, 1995 & 1996). 국가표준은 과학교육과정의 틀을 제공하였다. AAAS는 과학적 소양을 주제와 관련된 지식을 자연과학, 사회과학, 수학 및 기술에 서로 연결시키는 것으로 묘사하였다. 국가과학교육 표준에서 '표준'은 다음의 다섯 가지 분야에 대한 것으로 정리된다.

첫째, 미국 초·중등학교 전 과학 과정(K-12)에서 학생들이 배워야 할 내용들에 대한 표준

둘째, 학생들에게 과학을 학습할 기회를 제공하는 과학 프로그램들의 표준

셋째, 과학교수의 표준

넷째, 과학교사와 프로그램을 지원하는 체제의 표준

다섯째, 평가와 정책의 표준

이 중, 첫째의 내용들에 대한 표준은 8개의 영역으로 구성되었는데, 이들은 공통적인 과학개념과 과학, 탐구로서의 과학, 물상·생물·지구와 우주과학, 과학과 기술·과학과 개인·과학과 사회, 과학의 역사와 본성이다.

6. 우리나라 통합과학교육 변천

광복 후 서구의 과학사상, 특히 Dewey의 교육사상이 도입되어 과학교육에 많은 영향을 주었다. 제1차 및 제2차 교육과정기에는 생활중심의 과학교육이 실시되었다. 그 후 제3차 교육과정기에는 혁신적인 교육과정인 학문중심 교육과정이 실시되었고, 이때 중학교 '과학'은 통합교육을 지향하였으나 실제적인 통합교육이 실시되지는 못하였다. 제4차 및 제5차 교육과정은 큰 변화가 없었고 다만 제3차 교육과정이 지나치게 학문 중심적이어서 이를 완화하도록 부분적으로 수정하였다.

1980년대 들어서 세계적인 과학교육의 동향은 지식보다는 탐구과정을 중시하고 STS를 강조하며 최근에는 누구나 과학적 소양(Science literacy)을 갖추도록 교육할 수 있는 '모든 이를 위한 과학(Science for all)'(AAAS, 1990)이 주창되기에 이르렀다. 우리나라도 이

러한 추세를 받아들여 제6차 교육과정에서는 모든 학생에게 과학적 소양을 갖추도록 필수로 부과할 수 있는 통합과학 교과인 '공통과학'이 신설되어 현재 시행되고 있다.

이상에서 과학교육과정의 변천과정을 보면 우리나라 과학교육에서 '통합과학교육'을 추구한 것은 비교적 오래되었다. 교육부는 우리나라 중등 과학교육을 통합과학교육으로 시행할 것을 제3차 교육과정 개정 시 공포하였고, 제4, 5차 교육과정에서도 공히 통합적 노력을 표방하였다. 특히 제6차 교육과정 개정시에는 통합과학교육의 필요성을 한층 더 부각시켜 '공통과학' 과목을 신설하였고, 더 나아가 제7차 교육과정에서도 10년간의 국민 공통 기본 교육과정을 제시하면서 교과의 통합성을 다시 한번 강조하였다(교육부, 1997).

한편, 초등학교 교육과정은 제4차 교육과정기에서 1, 2학년에서 자연교과가 '슬기로운 생활'로 변경되고, 내용도 산수와 자연을 통합한 내용으로 구성하는 변화가 있었다. 이러한 것은 초등학교 저학년에서 통합교육과정을 설정하는 일반적인 경향을 따른 것이지만 결론적으로 실패한 것이라고 볼 수 있다. 제5차 교육과정기에는 국어와 산수 같은 기초도구교육을 강조한다는 명분으로 '슬기로운 생활'교과에서 산수교과가 독립되고, 슬기로운 생활교과는 다시 자연 위주로 구성되었다.

제6차 교육과정기에는 이러한 학문중심 교육과정이 대중교육시대의 학생들에게 어렵고 재미가 없다는 의견이 많아 수정・보완이 이루어졌다. 초등학교 자연에서도 실생활과 관련된 소재와 문제의 비중이 높아졌으며, 생활주변의 소재를 중심으로 한 탐구활동이 강조되었다. 또 하나의 특징으로서는 '슬기로운 생활'이 다시 자연과 사회의 통합교과로 구성되었다는 것이다.

Ⅲ. 과학의 본성과 통합과학

Ⅲ. 과학의 본성과 통합과학

전통적으로 과학교육에서는 과학의 본성에 대해 언급함에 있어, 그 구성요소로서 과학 지식, 과학적 방법, 과학적 태도를 보고 있으며(권재술 외, 1998; 김찬종 외, 1999), 이 구성요소에 근거하여 국내외 다수의 과학교육과정들이 개발되어왔다. 최근에는 과학 기술 및 사회의 발전과 더불어 이러한 과학 · 기술 · 사회에 관한 관계를 과학의 본성의 한 요소로 포함시키고 있다.

과학교육의 목표와 과학교육과정은 과학의 본성에 대한 정의와 직접적으로 관련되어왔다. 통합과학교육은 과학지식의 영역에 대한 특이성을 넘어서, 그리고 과학적 방법과 과학적 태도의 영역 간 관련성에 강조점을 두고 정의되어야 하며, 통합과학교육의 과정 역시 이러한 시각에서 개발되어야 한다.

따라서 이 장에서는 물리, 화학, 생물, 지구과학이라는 영역 간 특이성을 넘어서, 과학을 통합적으로 접근하고 가르치기 위해 과학의 본성에 대한 이해를 도모할 것이다. 이 장에서는 기존의 과학의 정의, 과학의 구성요소, 과학의 일반적 특징에 대해 간략히 정리하고, 과학의 진보에 따른 철학적 시각에 대하여 논의함으로써, 통합과학교육을 위한 과학의 본성의 이해에 대한 접근을 시도할 것이다.

1. 과학의 정의

과학의 어원은 'scire'인 라틴어의 "~안다"에서 유래되었으며, 이는 곧 지식을 이해한다는 의미라고 볼 수 있다. 여러 사전에서는 과학을 다음과 같이 정의하고 있다. "지식의 소유(Webster's, 1986)", "자연세계에 대한 지식(Britannica, 1999)", "어떤 가정 위에서 일정한 인식목적과 합리적인 방법에 의해 세워진 광범위한 체계적 지식을 가리키는 동시에 자연연구의 방법(두산세계대백과, 2000)". 이러한 정의에는 공히 자연과 세계에 대한 지식이 언급되어있으며, 연구의 방법을 포함시키고 있는 경우도 있다. 일반적인 의미에서의 과학은 이와 같이 지식체계로서의 과학을 의미하나 과학교육에서는 탐구활동으로서의 과학을 더 강조한다.

과학교육에서는 "과학이란 문제에 직면하여 그 문제를 해결하는 탐구의 방법과 탐구의 결과로 얻은 지식의 체계"라는 정의를 받아들인다(권재술 외, 1988). 한편, 미국의 과학교육과정의 근원이 된 "모든 이를 위한 과학"에서는 "과학은 지식을 생산하는 과정"이라고 정의하고 있다(AAAS, 1989).

2. 과학의 구성요소

과학의 정의에서도 언급된 바와 같이, 과학의 본성을 이해하는 데에는 과학의 구성요소로서의 과학적 지식과 과학적 탐구 방법, 그리고 과학적 태도에 관한 이해가 반드시 요구된다.

가. 과학적 지식

과학은 과학적 사실로부터 개념, 언명, 이론으로 발전하여 과학적 지식의 구조를 이루고 있다. 인간은 지각과 인식을 통하여 자연의 현상에 대하여 끊임없는 경험의 자료를 수집하였고, 이로부터 과학적 지식을 산출하여 왔다.

나. 과학적 탐구 방법

과학적 지식으로 밝혀진 내용들은 과학적 탐구방법과 긴밀한 관련을 가진다. 즉, 과학을 안다는 것은 증거 수집방법과 그 증거를 해석하는 방법을 아는 것이기도 하다.

과학적 탐구를 위한 단일한 방법이 있는 것은 아니다. 실제로 과학자들에게 그들의 활동을 어떻게 수행했는가를 질문하면 과학자들이 자연현상을 이해하기 위한 접근 방법이나 문제에 접근하는 방법이 다양함을 알 수 있다.

다. 과학태도

과학태도는 과학을 하고 과학을 학습하기 위한 원동력이라 할 수 있다. 여기에는 과학적 태도와 과학에 대한 태도를 포함시키고 있다.

3. 과학의 일반적 특징

경험주의나 실증주의와 같은 현재까지의 과학 철학에 기초하여 볼 때, 과학은 무엇보다도 경험적인 사실에 바탕을 둔다.

또한 과학은 논리적인 체계를 갖고 있어야 한다. 아래에 제시된 과학의 일반적 특징을 통해 과학의 본성에 대한 이해를 돕고자 한다(김찬종 외, 1999).

가. 일반화

인간의 호기심은 우주의 패턴을 이해하고 거기서 관찰된 질서를 설명할 수 있는 기본적인 법칙들을 발견하고 싶어 한다.

나. 경험 중시

과학이 추구하는 것은 세계에 대한 경험적 측면, 즉 직접 관찰할 수 있거나 경험할 수 있는 측면이다.

다. 분석 · 해석

과학자는 단순한 관찰에 만족하지 않고 거기에 숨겨진 의미를 찾아내어, 그 근저에 깔려있는 패턴을 알아내고 설명적 도식을 고안하여 그들의 관찰내용을 일관성 있게 설명한다. 이렇게 관찰결과에 대한 패턴을 찾아내어 설명적 도식을 고안하기 위한 사고방법이 분석과 해석이다.

라. 잠정성

과학은 궁극적인 진리에 접근하기 위한 노력일 뿐 결코 그것에 도달할 수는 없다. 과학의 원동력은 궁극적인 진리에 도달하기 위하여 끊임없이 질문하고 그에 대한 해답을 찾는 과정이다. 따라서 과학자들은 현재의 모델은 잠정적이므로 새로운 사실이 발견되면 언제든지 변화될 수 있다고 인식하고 있다.

마. 모형화

과학을 실세계에 대한 모형으로 이해하면 좋을 것이다. 모형이란 실재의 상세한 부분이 생략되어있기는 하지만 가장 중요한 부분을 포착하는 표상이다. 과학은 우주에 대한 현재로서의 이해내용을 포착하기는 하지만 상당히 불완전하다.

바. 간학문성

과학은 특히 현대에 있어서 과학은 더욱더 단일 학문에 의존하지 않는다. 예를 들면, 세포가 작용하는 방식은 전통적으로 생명과학의 주제라고 간주되는데, 이때 발생하는 화학적 변화, 세포막의 전자밀도, 고농도에서 저농도로의 물질 이동 등을 조사하지 않고 이러한 과정을 연구할 수 없다.

사. 절약의 원리존중

과학에서는 여러 가지 설명이 가능하더라도 가장 단순한 것이 선택된다. 예를 들어, 뉴턴의 법칙들이나, 아인슈타인의 일반상대성 이론은 단순한 식으로 나타내어지며, 다윈의 진화론은 적자생존이라는 단순하고 매우 서술적인 언명으로 나타내어진다.

아. 일관성 추구

과학은 자연세계의 사물·사상들이 일관된 패턴으로 일어나며, 우주 도처에 있는 기본적인 규칙들은 똑같다고 가정한다.

4. 과학의 본성과 통합과학교육

통합과학교육은 과학의 본성에 대한 어떤 입장을 취하는 가에 따라 그 방향이 달라진다. 즉, 과학교육목표와 과학교육과정은 과학의 본질적인 속성을 준거로 하여 설정되므로 과학의 본성에 대한 과학교육의 방향설정은 중요하다.

가. 과학지식

과학의 본성에 있어서 과학적 지식을 강조하는 입장은 전통적인 과학철학으로서의 경험론이나 논리실증주의에서의 강조점과 그 맥락을 같이 한다. 이와 같은 입장에서 통합과학은 지식내용 중심의 통합으로 그 방향이 이루어진다.

나. 과학적 탐구 과정

과학의 본성에 있어서 과학적 탐구 과정을 강조하는 입장을 통해서는 과정, 중심, 통합으로 그 방향이 이루어진다.

다. 사회적 합의

과학의 본성에 있어서 과학자들 사이의 사회적 합의를 강조하는 입장은 과학의 잠정적 특성을 반영하며, 현대의 과학에 이르는 대부분의 논의들이 동의하나 특히, 쿤의 과학혁명이나, 라카토스의 연구프로그램에서 과학을 보는 입장, 또한 새로운 과학관으로서의 STS에서 강조하는 과학 기술과 사회와의 관계도 그 맥락을 같이 한다고 볼 수 있다.

이와 같은 입장에서의 통합과학은 사회 문제 중심 또는 주제 중심 통합으로 그 방향이 이루어진다.

라. 인간의 자아실현

과학의 본성을 인간의 행복 추구 및 자아실현을 위한 과정 등으로 보는 입장은 파이어아벤트의 불가공약적 과학 철학과 맥락을 같이 한다. 그는 어떤 것도 좋다는 입장에서 인간은 스스로 결정하고 자신의 결정에 따라 삶은 창조적으로 살아가는 존재라고 주장하였다(손연아, 1997; Chalmers, A. F., 1982).

이러한 관점에서의 통합과학은 개인, 흥미, 중심, 통합으로 그 방향을 잡을 수 있다.

Ⅳ. 통합과학교육의 목표

Ⅳ. 통합과학교육의 목표

통합과학은 지적 능력의 중요성이 지나치게 강조되는 분과적인 학교교육에서 실천하기 어려웠던 전인의 발달을 추구하기 위한 방편이 될 수 있다. 개개인에 대한 인격의 다양한 측면을 개발하는 것은 통합적인 사고의 훈련에 대한 필요성을 요구한다. 그러므로 개인 차원에서의 조화와 개인과 환경 사이의 조화가 교육을 통해 달성해야 할 중요한 목적이 된다(한국교육개발원, 1997). 따라서 교사는 학생들이 이런 방향으로 발달하도록 촉진해야 하며, 이를 위해 학생들이 삶에 대해 일관성 있는 안목을 지니도록 도와주기 위한 의도적인 노력을 해야 한다.

아울러 급변하는 사회 속에서 학교의 임무는 사회에서의 삶에 필요하다고 인정되는 지식과 기술을 학생들에게 전수함으로써 그들이 미래의 삶을 위한 준비를 하도록 하는 것이라고 여겨진다. 학교에서 가르쳐지는 지식과 기술은 과거의 세대들에 의해 개발되고 검증된 것이며, 교사들은 사회적으로 인정된 지식과 기술을 가르치는 것은 정당하다고 생각한다. 그러나 현대처럼 하루가 다르게 과학과 기술이 발전하는 상황에서는 과거에 유용한 것으로 인정되었던 지식이라도 미래의 상황에도 적절할 것이라고 단언할 수 없다. 또한 특정한 연구 주제에 대해서는 전통적인 학문분류방식보다 간학문적이고 통합적인 접근이 적절하다. 예컨대, 인간의 본질에 관한 연구는 철학, 심리학, 사회학, 문학, 생물학, 교육학 등 여러 학문분야에서의 접근이 요구된다.

또한 최근에는 컴퓨터를 이용한 첨단 과학과 기술의 발달에 힘입어서, 사회의 변화속도가 급속하게 증가하고 있다. 환경오염, 인구 증가, 기아, 이념의 갈등과 같은 문제들은 정치, 경제, 사회의 모든 분야가 서로 복잡하게 얽혀있으므로, 이러한 문제들을 해결하기 위해서는 분과적인 사고보다는 통합적이고 전체적인 사고가 유용하다. 통합된 지식은 특정 교과에만 기초해서 편협하게 조직된 지식에 비해 인지구조의 제한을 적게 받는다. 통합된 지식은 비록 안정성은 적을지 모르나, 융통성은 많아진다. 따라서 통합과학은 사회의 급속한 변화로 인한 복잡한 문제에 대해 대처할 수 있는 방법이 될 수 있다.

전통적으로 분리되었던 물리, 화학, 생물, 지구과학은 시대의 변화에 따라 학문 간 협력의 필요성이 대두되었고, 기술의 진보, 지식의 팽창, 환경파괴 등의 문제에 있어 하나의 학문적 시각만으로는 해결할 수 없게 되었다. 또한 물리, 화학, 생물, 지구과학의 구분처럼 분절화된 지식교육은 실제 학습자의 경험 방식과는 거리가 멀다. 하나의 유기체로서 학습자는 어떤 학습장면이나 문제에 대해서 전체적으로 반응하며, 개별적인 경험마저도 전체와의 관련 속에서 인식하게 된다. 따라서 과학교육은 인간의 통합 지향적인 성향에 일치시켜 통합적으로 이루어져야 한다. 서로 상보적인 역할을 할 수 있게 구성된 통합과학은 기본개념이나 핵심 아이디어의 활용범위를 확충시켜 여러 가지 상황에서 제기되는 어떤 문제 사태의 해결을 보다 용이하게 해줄 것이다. 뿐만 아니라, 지식의 변화와 더 나아가서는 사회의 문제에도 대처할 수 있게 해줄 것이다. 또한, 우리가 살고 있는 자연세계에 대한 이해 및 인간·자연·사물의 상호작용 결과에 대한 이해 증진, 그리고 효율적으로 삶을 영위하는 능력 배양과 아울러 탐구능력의 개발 및 활용을 증가시킬 것이다.

이에 통합과학의 목표는 바로 과학적 소양을 갖춘 일반시민의 양성으로 다가올 지식사회와 미래사회에 대한 대비에 있다. 시민들에게 있어서 과학의 가치는 인간의 경험을 통일시키고, 또 일반적인 문제해결에 통찰력을 제공하는 것이기 때문이다.

1. 지식기반사회에 대비

앞으로 2020년경에 도래할 지식기반사회에서 구현될 대표적인 학습의 형태는 학문 간의 연계와 연결을 주도하는 학습(interdisciplinarity and overarching learning arrangements)이다(한국직업능력개발원, 1999). 여기서 학문 간의 연계란 과학의 협력 형태들을 가리키는 것으로 전통적으로 분리되었던 학문들 간의 경계를 넘어서 확장되는 것을 의미한다. 학문 간 협력의 필요성은 지식의 성장 그리고 학문 세분화와 관련되어 있어 하나의 학문적 시각만으로 의문을 풀거나 문제를 해결하는 일이 불가능하기에 대두되었다. 즉, 학문의 전문화와 세분화가 각각의 학문들을 서로 분리하기 때문에 상호 교류와 통합적인 접근법을 통해 서로 연결되도록 할 필요가 있는 것이다.

통합과학은 개별 학문들을 없애려는 목적을 가지지 않고, 다양한 학문들로부터 독자적인 기술들을 취하고 그런 기초 위에서 구체적인 문제를 해결하기 위한 구조를 형성한다.

그 구조는 과제를 해결하는 데 필요한 시간만큼만 계속되며 필요할 때는 수정되어질 수 있다. 그 구조에 포함될 내용은 다음과 같다.

첫째, 지식기반 사회에서 통합과학이 포함해야 할 중요한 지식 분야는 환경, 인류, 기술 등이다.

둘째, '환경'에 있어 문제를 파악하고 규정하기 위한 기초 지식으로 생태계(관계성, 순환, 상호작용), 원료와 에너지 자원, 지구의 대기와 기후, 자원의 위기와 기회, 건강과 복지에 대한 환경의 영향 등이 필요하며, 구체적인 실천 방안으로는 생태계에 대한 인간 행위의 영향, 환경 친화적 지속적 관리, 환경 정책과 지역 계획 정책, 수자원 관리 등이 요구된다.

셋째, '인류'에 있어서는 육체, 지성, 정신의 세 가지에 대한 문제해결을 위해, '육체'의 경우에는 암에 대한 진단방법 개발과 치료에 대하여, '지성'의 경우에는 두뇌와 신경계통, 인식 및 저장과 정보 처리로 이어지는 인지적 과정에 대하여, '정신'의 경우에 있어서는 정신신체의학, 신경, 정신 등의 장애, 공격성의 원인과 예방 극복에 대하여 그 지식을 생산해내야 한다.

넷째, '기술'에 있어서는 인간에 관한 유전자 정보(게놈)와 유전자 처치에 관한 유전공학과 생명공학의 다양한 지식이 요구되고, 인공지능에 관한 정보기술이 요구된다. 나아가 새로운 과학기술로 세라믹, 분자수정을 통한 물질 최적화와 미시체제와 마이크로 머신, 생명복제 등의 생체 공학에 대한 지식이 요구된다.

통합과학은 바로 위에서 제시한 것과 같은 지식을 발전시키고, 개발할 수 있는 기초적인 토대를 제공하는 역할을 해야 한다. 이를 위한 통합의 형태를 다음과 같은 세 가지 유형으로 예시할 수 있다.

· 학문분야에 기초한 학문 간 연계

· 문제 중심의 학문 간 연계

· 창의적인 학문 간 연계

이것을 한 예로 기존의 개별 학문인 물리학에 적용시켜 보면 아래 〈표 1〉과 같다.

〈표 Ⅳ-1〉 물리학의 통합과학유형

통합의 유형	물리학과 연계되어야 할 지식 영역의 예
학문과 관련분야	지구의 대기와 기후, 전기화학 체계, 고체 물리학, 전자·이온·레이저 빔
문제 중심	물질 최적화, 태양 과학기술 새로운 자동차 추진 방법, 오염지역의 복구
창의적	생물공학, 인공 신경체계 단백질, 혁신과 구조 변화

2. 미래사회에 대비

미래의 교육에 가장 큰 영향을 미칠 것으로 보이는 사회현상은 탈산업사회화, 정보화, 세계화, 다원주의적 경향 등이라고 볼 수 있다(한국교육개발원, 1996). 첫째, 탈산업사회(post-industrial society)는 지적 기술에 근거하여 신기술 혁명을 촉진함으로써 생산방식이나 경영활동 등에서 기존의 산업사회와는 질적으로 다른 양상으로 나타나는 산업사회를 의미하는데, 이런 사회에서 일하게 될 기술인력은 신기술 및 신제품 개발을 위한 능력을 갖추어야 하므로 기초과학지식과 원리에 대한 습득이 중요시된다. 이에 부응하여 교육체제에서는 초, 중등교육에서부터 고등교육에 이르기까지 기초과학 관련내용을 포함한 복합적인 기술습득을 위하여 지나치게 세분화된 과목보다 광범위한 영역으로 통합조정될 필요가 있고, 학생이 듣고자 하는 교과목을 선택적으로 들을 수 있도록 교육과정 편성이 탄력적으로 구성 운영되어야 할 것이다.

둘째, 정보화는 정보통신기술의 획기적인 발달에 힘입어 정보통신망이 확장되고 정보통신기기가 대량 보급되어 탈산업사회화를 촉진하고 세계화를 촉진할 전망이다. 세계화 시대에는 세계이해교육의 강화, 민족 정체성 및 고유문화·가치 교육의 강화, 교육체제의 대내·외적 개방확대, 교육의 국제경쟁력 제고, 교육문제에 대한 범지구적 대응이 더욱 필요하게 될 것이다.

셋째, 미래의 사회는 다원주의적 경향이 사회의 주류를 이룰 것이다. 이제까지 사회를 지배해오던 근대성의 특징인 이성 중심주의는 이분법적, 과학적 사고를 진전시켜 왔으나 복잡한 사회에서 이러한 사고만으로는 적응하는 데 어려움이 있어, 인간은 사고의 영역을 획일적 것에만 두기보다는 인간의 사고의 영역을 넓혀야 한다. 과학적 사고가 하나의 패러다임에 의해서 운영되어야 한다는 근대적 발상을 벗어나서 보다 다양한 패러다임에 의해서 운영될 수 있어야 한다는 필요성이 제기되었다. 이와 아울러 사회의 여러 영역에서도 근대성의 산물인 획일성을 배제하고 다양한 사고와 생활양식의 변화에 적절히 대응하는 다원주의적 경향이 증대될 것으로 예상된다. 미래 사회의 다원주의적 경향은 교육에서 성인 재교육을 위한 평생교육체제의 필요성을 증가시키고, 영재교육을 위한 교육체제를 도입하게 한다.

또한 미래 사회에 대비하여 길러야 할 능력으로는 창의력이 우선이다(김주훈, 1999). 이를 위해서는 지식 암기 위주의 과학교육에서 벗어나 창의력, 과학적 사고력을 기를 수 있는 교육으로 전환해야 한다. 또한, 다양한 사고, 가치관, 문화가 존중되고, 다양한 직업이 존재하는 사회가 될 것이므로 비슷한 특성, 유사한 것을 추구하기보다는 개성을 추구하고 다양성과 전문성을 신장시키는 방향으로 교육이 이루어져야 한다. 미래 사회는 과학기술 문명이 지배하는 사회가 될 것인데, 이러한 과학 기술 문명은 그 속성상 인간을 자연 환경으로부터 유리시키고, 인간관계를 메마르게 하여, 인간성을 상실하게 할 가능성이 있다. 이러한 사회에서는 예민한 감수성과 풍부한 인간성을 가진 인간으로 키우는 교육이 우선 되어야 한다. 이러한 교육체제에 가장 적합한 교과과정은 통합교과과정이다.

3. 과학적 소양

현대 과학교육의 목적은 모든 국민들의 '과학적 소양(Scientific Literacy)'의 함양이다. 즉 일반 국민이 현대사회를 살아가기 위해 필요한 최소한의 과학지식과 이해, 과학적 태도, 과학적 사고를 의미한다. 과학적 소양에 대해서는 여러 가지 정의가 있다. 그 중에서 대표적인 정의를 알아보기로 하자.

Zeitler & Barufaldi(1988)는 과학적 소양을 과학탐구의 경험, 과학태도, 기본적인 과학지식의 융합으로 보았다. 따라서 이 세 가지 요소를 조화적으로 갖춘 상태가 과학적 소양이라 정의하였다.

미국과학진흥협회(AAAS, 1989)의 과학적 소양은 다음과 같은 여러 측면의 요소들을 포함하고 있다.

· 자연세계와 친숙하고 이의 통합성을 존중한다.

· 수학, 기술 및 과학이 서로 의존하는 중요한 방식을 이해한다.

· 과학의 주요 개념과 원리를 이해한다.

· 과학적으로 사고하는 능력을 가진다.

· 과학, 수학, 기술이 인간의 활동임을 알고, 이들의 강점과 한계를 포함하여 이들이 무엇인지를 안다.

· 개인적, 사회적 목적을 위해 과학지식과 사고방식을 사용할 수 있다.

미국 NSTA(1990)는 과학적 소양을 과학지식뿐만 아니라 과학지식의 활용능력, 과학의 본성에 대한 이해, 그리고 과학-기술-사회(STS)에 대한 이해까지 포함하여 정의하였다.

· 과학, 기술의 개념과 윤리적 가치에 근거하여 일상생활의 직면하는 문제를 해결하고, 직장과 여가 시간에 책임 있는 의사결정을 내릴 수 있다.

· 여러 가지 대안적 선택에 따라 예상되는 결과를 고려하여 소신 있게 개인적, 공적인 행위를 한다.

· 증거에 입각한 합리적 주장으로 자신의 의사결정과 행위를 설명한다.

· 흥미를 가지고 과학과 기술에 종사한다.

· 자연세계와 인공 세계에 관심을 가지고 이들을 올바르게 인식한다.

· 회의, 주의 깊은 방법, 논리적 추론, 창의성을 활용하여 관찰 가능한 우주를 조사한다.

· 과학적 연구와 기술적 문제해결에 가치를 부여한다.

· 과학과 기술에 관련된 정보의 근원을 찾아 정보를 수집, 분석, 평가하고 이들을 활용하여 문제를 해결하고, 의사결정을 하며, 행동에 옮긴다.

· 과학, 기술적 증거와 개인적 의견, 신뢰로운 정보와 그렇지 못한 정보를 식별한다.

· 새로운 증거와 과학, 기술적 지식의 잠정성을 인식한다.

· 과학과 기술은 인간활동의 결과임을 인식한다.

· 과학과 기술적 발달을 통해 얻는 이익과 부담(손해)을 비교 검토한다.

· 과학과 기술이 인간의 복지 증진에 미치는 영향과 한계를 인식한다.

· 과학, 기술, 사회 사이의 상호작용을 분석하여 이해한다.

· 과학과 기술을 역사, 수학, 미술, 인문학과 같은 다른 인간활동과 연결시킨다.

· 개인적, 사회적 문제와 관련된 과학과 기술의 정치적, 경제적, 도덕적, 윤리적 측면을 고려한다.

· 자연현상에 대하여 타당성이 검증될 수 있는 설명을 제시한다.

UNESCO(1993)에서는 "이해와 자신감을 바탕으로, 적절한 수준에서, 인공적 세계와 과학적, 기술적 아이디어의 세계에서 능력을 발휘할 수 있도록 기능할 수 있는 능력"이 과학적 소양이라고 정의하였다.

OECD(1998)는 "과학적 소양은 자연세계와 인간활동을 통한 변화에 대한 이해와 의사결정을 돕기 위하여 과학지식과 증거의 근거한 결론을 도출하는 능력을 결합하는 것"이라고 정의하였다.

살펴본 것과 같이, 여러 학자 또는 단체에서 과학적 소양에 대하여 큰 관심을 가지고 여러 가지의 정의를 내리고 있다. 이러한 정의를 요약하면, 과학적 소양은 현대사회를 살아가기 위하여 일반 시민들이 지녀야 할 능력으로, 과학의 본성(nature of science), 주요 과학개념(key science concepts), 과학의 과정(processes of science), STS와 환경과의 상호관련(STS-environment interrelationships), 과학적, 기술적 기술(scientific and technical skills), 과학이 지닌 가치(value that underlies science), 과학적 태도(science-related interests and attitude)를 포함한다.

V. 외국의 통합과학 프로그램

V. 외국의 통합과학 프로그램

1. 미 국

미국은 한국이나 일본보다 먼저 과학과 통합의 필요성을 내세우면서 통합과학 프로그램을 개발하여 왔다. 미국은 1964년부터 Intermeiate science curriculum study(ISCS)를 조직하고 중학교에서 계통적으로 학습할 통합과학 과정의 개발에 착수하였다. 그 후, 여러 학교나 단체에서 통합과학교육을 위한 프로그램을 개발하였다. 그의 대표적인 예를 살펴보기로 하자.

가. FAST(Foundational Approaches in Science Teaching) Ⅰ·Ⅱ·Ⅲ

1967년 미국 교육부내 과학교과과정 위원회의 후원으로 하와이 대학의 CRDG (Curriculum Research and Development Group)에서 개발을 시작하였다. 1978년 FAST Ⅰ·Ⅱ, 1986년 FAST Ⅲ의 초판을 발행하였다. 미국 내 대학의 실험학교, 하와이 내의 중등학교에서 FAST 프로그램을 적용하여 그에 대한 효과를 검증하여, 1990년에는 하와이를 비롯한 20여 개 주에서 중등학교 정규 과학교재로 사용하고 있다.

FAST은 세 단계로 나뉘며, 다음과 같은 목표를 갖는다.

FAST Ⅰ: The Local Environment(6, 7, 8 학년)

학생들에게 실험활동과 연구를 통해 주변의 환경을 인식하게 하고, 과학지식의 형성과정을 습득하게 한다. 그리고 미래생활에 가치를 줄 수 있는 과학개념과 정보를 학습하게 함으로써, 학생들이 미래 사회의 시민으로서 책임 있는 역할을 다 할 수 있도록 도와준다.

FAST Ⅱ: The Flow of Matter and Energy through the Biosphere(8, 9, 10학년)

학생들에게 모든 유기체들은 복잡하고 상호 의존하는 생물권의 일부분이며, 인간은 한정된 물질과 에너지 속에서 환경 이용자인 동시에 환경보호자로서의 책임과 역할을 다 해야 하며, 전 세계에서 일어나는 절박한 문제들을 해결하고 장래를 계획해야 한다는 의식을 고취시킨다.

FAST Ⅲ: Change Over Time(9, 10, 11, 12 학년)

학생들에게 시간에 따라 다양한 지구환경과 우주가 어떻게 변화하는가에 대한 모델을 세우게 하기 위해 과거 과학자들의 연구과정과 결과를 습득하게 하고, 이를 실행시킴으로써 학생들이 현재에 일어나고 있거나, 과거에 일어났었던 일에 대해 학습하게 한다. 그리고 미래의 일을 예측하는 데 그들의 지식을 적용할 수 있도록 한다.

FAST의 특징은 살펴보면 다음과 같다.

첫째, FAST는 물질과학, 생명과학, 지구과학의 기본개념과 방법을 강조한 간학문적인 환경과학 프로그램이다.

둘째, 여러 과학교과들의 개념과 방법을 이용하여 인간이 환경을 이용하는 데 관련 있는 실제적인 문제를 연구한다.

셋째, FAST의 프로그램의 수업시간은 대부분, 약 60~80%가 야외나 실험실에서 관찰이나 실험을 하며, 20~40%는 토론, 기록, 총괄적인 자료를 분석하는 데 이용하도록 구성된다.

넷째, 학생들은 스스로 자료수집, 실험설계, 실험장치, 자료 수집 및 기록과 해석을 바탕으로 스스로 교재를 제작한다.

다섯째, 학생들은 과학, 기술, 사회 간의 관계성을 알기 위하여 여러 가지의 다양한 역할을 수행한다. FAST 프로그램을 학습하는 동안, 학생들은 정보수령인에서 정보창출인으로 변화한다.

여섯째, FAST를 지도하는 교사는 정보제공자가 아니라 연구의 방향제시자, 촉진자로 변화한다.

마지막으로, FAST 프로그램은 정규과학내용을 제공하는 Physical science와 Ecology, 그리고 과학, 기술, 사회 간의 상호 관계에 초점을 맞추고 있으며, 과학이 어떻게 의사결정에 쓰여질 수 있는지를 보여주는 Relational study의 3단원으로 구성되어 있다. 구체적으로 살펴보면, FAST 프로그램의 체제구성은 다음과 같다.

Strand
- Physical science
- Ecology
- Relational study

Unit

Section

Investigation
- Background
- Problem or Activity
- Procedure
- Summary
- Challenge

나. 아이오와주의 STS 프로그램: Iowa Chautauqua program

미국 아이오와 주에서는 미국과학재단(NSF)과 미국과학교사협의회(NSTA)의 지원으로 1983년에 과학, 기술, 그리고 사회(Science, Technology, and Society; STS)에 대한 교사연수 프로그램으로 Iowa Chautauqua program을 개발하였다. 이 프로그램에서 채택하고 있는 기본 수업모형은 문제로의 초대, 탐색, 제시, 실행의 네 단계이다.

문제로의 초대 단계는 과학과 관련된 일상생활이나 사회에 대한 문제를 제기하고, 문제의 심각성을 인식한다.

탐색 단계는 문제에 대한 이해를 심화하고, 관련된 과학의 이론이나 개념을 조사한다. 또한 해결 방안을 모색한다.

제시 단계는 앞에서 모색한 해결 방안을 구체화하고 이에 대하여 의사소통을 한다. 또한 동료들과 토론을 통해서 여러 가지 대안들 중에서 가장 좋은 대안을 모색한다.

실행 단계는 직접 실천에 옮기거나 또는 실행과 관련이 있는 사람들에게 영향력을 행사한다. 예를 들면, 환경 관계자, 국회의원, 또는 제조업체 사장에게 편지를 보냄으로써 문제해결을 위한 구체적인 참여를 의미한다.

다. Science, Technology, and Society

STS는 Impacts of Technology, Populations, Resources의 세 권의 교재로 되어있다. 각 권의 세부적인 내용은 다음과 같다.

Impacts of Technology

- STS problem solving: Dealing with the issues
- Energy resources
- Hazardous substances
- Space exploration
- War technology

Populations

- STS problem solving: Dealing with the issues
- Extinction of living things
- Human populations
- Human health and disease
- World food resources

Resources

STS problem solving: Dealing with the issues
Water resources
Air quality
Land use
Managing solid waste

각 권은 주제에 따른 모듈의 형태로 구성되어 있다. 한 개의 모듈은 개요(overview), 발견(discovery), 초점(focus on), 마무리(wrap-up)의 과정으로 구성된다. '개요'는 모듈에 대한 소개뿐만 아니라 학생들의 동기를 유발하고 지속시킬 자료를 제공하고 있다. '발견'은 구체적인 실험, Brainstorming, 정보수집, 일지 작성 및 비판적 사고가 포함된다. 초점은 각 주제에 대한 다양한 내용들로 구성되어 있다. 예를 들면, 'Hazardous Substances'에는 9개의 초점내용이 있다.

Hazardous Substances
Toxic waste incinerator generates activism
Neighbors fight Virginia medical waste incinerator
Latin nations getting others' waste
All waste isn't fit for trash
Software gives scientists 3-D view of pollutants
Recycling: Safety vs. Convenience; Toxic waste label for used oil mulled
Intact asbestos poses little risk for most building occupants, study says
Experts clash on risk at nuclear waste site
U.S. facing dilemma over nuclear waste

'마무리'는 지역 논제에 대하여 어떻게 비판적으로 사고할 것인가와 창의적으로 사고하는 것에 대하여 언급하고 있다. 또한 어떤 사람들에게 도움을 받을 수 있는가에 대한 소개가 포함된다.

라. Science Interactions: A Program for Alabama

Science Interactions는 다양한 학문 영역이 서로 섞여 있고 연결되어 있어서, 한 영역에서 배운 것을 다른 영역으로 적용할 수 있도록 구성되어 있다. 중요한 과학 개념을 삶의 근처에서 생생하고 또한 다양한 학문 영역에서 살펴봄으로써 학생들의 학습 동기를 위한 흥미를 유발하였다. Science Interactions는 학생들로 하여금 의문을 갖게 하고 개념을 형성하고 증거를 수집하도록 함으로써 과학 언어(language of science)를 습득하여 후속 과학학습에 대한 준비를 하도록 한다.

Science Interactions은 과학을 문제해결을 위한 도구로 정의하고, 7개의 단원(unit)과 25개의 장(chapter)으로 이루어진다. 통합의 theme은 Energy, Systems & Interactions, Scale & Structure, Stability & Change이다. 단원 주제와 세부적인 장은 다음과 같이 정리된다.

Storms: weather prediction; severe weather; the effects of storms

Ecology: biotic and abiotic factors; cycling of matter and energy; changes in ecosystems

Food: biochemistry; photosynthesis; soil formation; chemistry of food

Resources: resources; the formation of resources; petroleum chemistry; recycling

Shelter: earth's crust in motion; structures and materials; forces and machines; transfer of thermal energy; electrical energy

Disease: types of disease; preventing and treating disease; detecting disease

Flight: physics of flight; the structures of flight; physics of space flight

Science Interactions에서 제시한 통합의 예를 주거지(shelter)를 통하여 살펴보자.

Shelter: earth's crust in motion[지구과학]
structures and materials[화학]
forces and machines[물리]
transfer of thermal energy; electrical energy[물리]

마. ChemCom

"Chemistry in the Community(ChemCom)"은 미국화학협회(American Chemical Society)에 의하여 고등학교 학생들을 대상으로 만들어진 교재로, 현상을 화학의 관점에서 통합하였다. 이 책은 화학이 사회에 끼치는 영향을 강조함으로써 학생들의 과학적 자질의 향상에 주목적을 두고 있다. 동시에 학생들에게 화학은 개인의 생활 및 직업세계에 중요한 역할을 한다는 점과 과학과 기술의 잠재적 능력과 한계성에 대한 인식을 하게하며, 화학지식을 사용하여 과학과 기술을 포함하는 문제들에 대하여 현명한 의사결정을 하는 데 도움을 줄 수 있도록 구성되어 있다.

ChemCom은 총 8개의 대단원으로 구성되어 있으며, 일반교재보다 훨씬 많은 학생중심의 활동들이 수록되어 있다. 각 단원은 3단계에 걸친 의사결정활동과 다양한 문제해결연습도 포함하고 있다. ChemCom에 수록된 전체적인 내용의 이해를 돕고 도입된 STS주제의 종류를 살펴보기 위하여 8개의 대단원과 각 대단원에 속한 중단원 및 소단원의 제목은 다음과 같다.

〈표 V-1〉 ChemCom의 대단원, 중단원, 소단원의 예시

1. 물 수요의 공급
   A. 수질
      1. 측정과 미터법 체계
      2. 실험실활동: 탁하고 더러운 물
      3. 결정하기: 정보수집
      4. 물과 건강
      5. 물의 이용
      6. 파이프를 통한 물의 역류
      7. 지구의 물은 어디에 있는가?
      8. 결정하기: 물의 사용 분석
      9. 결정하기:Riverwood 물의 사용

바. Science Plus

과학 개념의 이해와 과정 기능의 개발에 중심을 두고, 생활 속에서 과학의 중요성을 발견하는 것, 삶의 질을 높이는 데 과학이 기여하는바 등에 대한 것들을 주요내용으로 하고 있다. 이 교재에서는 상호작용, 삶의 과정과 같은 통합 주제를 제공한다.

상호작용: 생명 세계의 에너지 흐름, 먹이 연쇄, 자연 변화, 사회화

삶의 과정: 광합성, 증산작용, 확산, 삼투, 소화, 호흡, 지구의 공기

2. 영 국

영국의 경우, 과학과 통합의 적용이나 응용보다는 보다 더 본질적인 것에 관한 연구가 이뤄졌다. 즉 과학이란 무엇이며 어디서 정보를 찾아낼 것인가, 또 그 과학적 정보를 어떻게 써야 하는가에 대한 지식과 함께 실제 문제해결을 가능하게 하는 과학교육에 대한 연구가 진행되었다. 영국의 통합과학교육의 대표적인 프로그램은 SATIS이다. SATIS에 대하여 살펴본 후, 통합과학을 제시함에 있어서 화학적 관점에서 본 프로그램인 Salter's Program을 살펴보기로 한다.

가. SATIS 프로그램

SATIS Project는 1984년 9월 영국의 과학교육협회(ASE-The Association for Science Education)에 의해서 시작되었다. 1970년 전후에 영국의 대학에서는 STS교육이 전파되고 발전되고 있었다. STS 주제에 관심 있는 과학교육자들의 협회로서 Science in a Social Context(SISCON)가 1970년 이전에 이미 존재해 있었다. SISCON 회원들은 과학사, 과학철학, 과학사회학, 국가 과학정책, 환경문제에 관해 대학 수준의 교수자료를 개발해 왔다. 이후 1978년 17세의 고등학교 학생을 위해서 STS주제를 고등학교 교육과정의 보조자료로 도입하고자 '고등학교 STS 연구 프로젝트'를 기획하였다. 이것이 SISCON-in-School Project이다.

1981년 ASE는 Policy Statement에서 '교육과정의 계획과 개발에서 과학은 인간의 직

업, 시민상, 여가, 생존의 문제에 공헌하는 과학과 기술적인 방법과 이해를 도울 수 있는 관점에서 과학이 탐구되어져야 한다고 주장했다(정완호 등, 1993). 이와 같은 견해에서 ASE는 Science in Society와 SISCON in Schools라는 과학, 기술, 사회 간의 상호작용을 고찰한 프로그램을 개발하였다. 그러나 이러한 프로그램들은 학생들이 구체적으로 사용할 수 있도록 적응시키는 데 어려움이 있었다. 따라서 ASE는 학생들에게 적합한 프로그램을 개발하기 위하여 SATIS Project를 시작하였다.

과학, 기술, 사회를 서로 연관시키는 것에 대한 필요성에 대한 동의하에 주로 과학교사에 의해서 쓰여진 SATIS 교재는 3단계의 평가를 거친 후 SATIS 프로그램으로 개발되었다. 학생용 자료의 저술은 1984년 9월에 시작해서 1985년 12월까지 계속되었다. 각 단원은 경험이 풍부한 교사에 의해서 쓰여졌고 때때로 산업계, 대학교에 있는 전문가들의 도움으로 쓰여졌다. 이와 같이 기술된 초고는 첫 단계로 실험학교에서 적용 후, 단원 수준, 개념 수준, 기능(skills) 수준, 단원 효과, 학생의 반응, 단원 사용의 용이성, 단원에 요구되는 시간 등이 평가되었다. 두 번째 단계에서 각 단원은 학생들의 나이와 수준에 적합한지를 자세히 논평하기 위하여 SATIS팀의 구성원들에게 순환되었다. 세 번째 단계에서 각 단원은 관련된 분야의 전문가(의사, 산업계에 있는 전문가, 대학에 있는 전문가)의 심의에 의해서 수정되었다. SATIS Project는 이와 같은 방식으로 1984년 SATIS 14-16 Project, 1987년 SATIS 16-19 Project, 1989년 SATIS 8-14 Project를 시작하여 현재까지 지속되고 있다(Holman, 1986).

1) SATIS Project의 목표

SATIS 프로그램의 목표는 "과학은 인간적인 측면이 있으며 실험실에만 국한되는 것이 아니라 우리 주변 세계의 많은 측면 속에 존재한다는 것"을 인식시키는 것이다(Phillips & Hunt, 1992). SATIS Project의 전체적인 목표는 다음과 같다.

- 과학이 학교 실험실에 한정되어 있지 않고 주변 세계도처에 있는 것을 알기
- 과학이 인간적인 측면이 있는 것을 알기
- 과학, 기술, 사회 간의 상호작용에 대한 관심을 높이기
- 긍정적이든 부정적이든 과학과 기술이 사회에 영향을 주는 것을 알기

· 경제의 기초로서, 부의 산출에 있어 산업의 역할을 인식시키기

· 기술적 활동이 환경에 미치는 영향과 환경오염을 최소화할 필요성을 인식시키기

· 천연자원을 조심해서 사용할 필요성을 인식시키기

· 과학은 분리된 탐구영역이 아니고 지리, 경제 역사와 같은 다른 학문과 상호작용 한다는 것을 알기

· 실제 생활에서의 결정이 종종 갈등이나 적절하지 못한 정보에 기초한 것일 수도 있으며 결정은 서로 타협하는 과정이 있고 항상 올바른 답이 아닌 것을 보이기

· 학생들이 사실을 근거로 논쟁하고, 다른 사람의 논쟁을 경청하고 판단하도록 돕기

· 읽기, 이해하기, 데이터의 수집과 분석, 정보의 재생, 문제해결, 의사소통하는 기술을 연습할 기회를 제공하기

2) SATIS프로그램의 단원 내용과 사용법

SATIS는 하나의 독립된 교재가 아니고 현행 과학 교재(GCSE 과학교재)와 함께 접목시켜 활용할 수 있도록 단원 내용이 구성되어 있다. 또한, 필요에 따라 선택적으로 활용할 수 있게 구성되어 있다. 각 단원들은 중요한 과학 주제들에 연관되며, 중요한 사회적 및 기술적 측면의 논제들을 탐구한다. 그러므로 각 단원들은 하나의 완전한 교육과정이 아니라 다양한 자료의 모임이라고 할 수 있다. 보통 한 단원의 학습에는 약 75분 이상이 소요된다. 각 단원의 내용은 과학과 기술이 사회나 자연환경에 미치는 영향을 학생들이 인식할 수 있도록 꾸며져 있으며, 산업계의 사례연구를 통하여 과학과 산업이 인간의 질을 높이는데 어떻게 기여하는 가를 깨달을 수 있도록 구성되었다. 많은 단원들이 통합적 접근에 의해서 집필되었으며, 실생활문제에는 항상 정답이 있는 것은 아니어서 경우에 따라서는 타협이 필요함을 가르치고 있다. 또한 실생활에서 소재를 선택함으로써 학생들이 과학의 유용성을 인식하고, 과학이 좀 더 흥미 있는 교과로 인식되도록 노력하였다(최병순, 1992).

SATIS는 과학의 본성, 기술의 본성, 사회 속에서 과학과 기술에 연관되는 문제에 대한 의사결정 하는 것과 관련해서 주제를 탐구하고 있다. SATIS는 학생들이 학습에 보다 능동적으로 참여하도록 다양한 교수방법(구조화된 토론, 역할놀이나 모의실험, 문제해결이나 의사결정, 데이터 분석, 조사연구현장 활동, 사례연구, 연구고안)을 활용하고 있다.

SATIS 16-19는 학습활동유형에 따른 통합의 형태를 보여준다(표 3). 사례연구, 자료 분석, 준비와 과제, 계획과 실질적인 실행, 조사와 면담, 기술 등의 학습활동으로 제시되었다.

〈표 Ⅴ-2〉 학습활동유형에 따른 단원의 예시

Case studies	
39	Petrochemical problems
40	Steel
56	A new edible-fats factory
91	Helping asthmatics
Data analysis	
9	Cattle and chemicals
13	Aluminum in tap water
65	Catalytic converters
Preparing and giving a talk or oral report	
41	Accident or arson?
56	A new edible fats factory
Planning and / or carrying out a practical investigation	
42	Chlorine bleach
59	Dextran
66	Swimming pool chemistry
92	Printed circuit boards
Survey and interviews	
14 William Perkin-founder of the synthetic dyestuffs industry	
16	Over the counter drugs
67	The perfume indust
Writing for a nonspecialist audience	
64	Polyurethanes
83	Biblical metals
89	Handedness

나. Salter's Program

'응용에서 출발하는' 접근과 같이 급진적인 접근의 새로운 화학프로그램이 York 대학에서 개발된 Salter's Chemistry이다. 이는 현재의 화학 교육과정을 각색하거나 부분적으로 수정하는 것이기보다는 완전히 새로운 것을 시작하자는 것이었다. 화학적인 사실과 원리에서 출발하는 것이 아니라 학생들에게 친숙한 일상적인 경험들에서 출발하는 방식이다.

1) 개 발

1983년 9월에 13-14세 아동을 위한 교재개발이 시작되었으며, 5가지 모듈이 개발되었다. 각각의 모듈은 일상경험에서 중요한 영역인 음식(Food), 음료(Drinks), 난방(Warmth), 금속(Metals), 그리고 의복(Clothing)이다. 각 모듈은 5-7개의 단원으로 구성되어 있다. 각 단원은 75분이 요구된다. 각 모듈은 화학 교수요목(syllabus)의 반드시 가르쳐야 한다는 것에서 탈피하여, '응용에서 출발한다'는 원칙에 맞도록 일상적 주제에 관한 것으로 개발하였다. 또한 각 모듈은 일상적 응용에서 출발하여 과학적 원리를 쉽게 가르칠 수 있는 것을 분명하게 보여준다. 예를 들면, 보통 화학 교육과정에서 이산화탄소가 다루어지듯이 모듈의 음료 단원에서 이산화탄소가 다루어지고 있다. 그러나 실험실에서 흔한 기체 발생 실험으로 출발하는 이산화탄소와 달리 '탄산 음료'라는 친밀한 맥락에서 출발한다.

1984년, 14-15세 아동을 위한 7개의 모듈 - 농업(Agriculture), 교통(Transport), 건축물(Buildings), 유화액(Emulsions), 광물(Minerals), 플라스틱(Plastics), 식품가공(Food Processing) - 이 개발되었다. 각 단원에는 화학의 주요 개념들이 포함되어 제시되었다. 예를 들면, 건축물 단원에는 실재의 석재, 금속, 목재, 벽돌과 같이 흔한 건축자재들과 연관있는 성질인 반응속도, 구조 등의 화학 내용이 포함되었다.

1985년, 15-16세를 위한 모듈이 개발되면서 전 과정이 완성되었다(표 4).

〈표 V-3〉 Salters' chemistry foundation의 단원

Third year units	Fourth year units	Fifth year units
Food Drinks Warmth Metals Clothing	Agriculture Transport Buildings Emulsions Minerals Plastics Food Processing	Electrochemistry Energy and Bonding Energy today & Tomorrow Keeping healthy

2) Salters 프로그램

Salters 프로그램은 '응용에서 출발하는' 접근법으로 개발된 것이며, 11세-14세 학생을 위한 Science Focus: The Salters' Approach, 14-16세 학생을 위한 Science: The Salters' Approach, 13-16세 학생을 위한 Chemistry: The Salters' Approach 등이 있다. Salters 프로그램은 맥락 속에 있는 과학(science in context)을 강조한다. 즉 학생들에게 친숙한 자료와 경험으로부터 중요한 과학개념들을 이끈다. 예를 들면, 샴푸에서 산과 염기를, 음료에서 입자이론을 학습하도록 고안되어 있다.

Salters 프로그램의 특징은 다음과 같다.

첫째, 과학에 쉽게 접근할 수 있도록 친숙한 맥락(context)을 사용한다.

둘째, 학교 현장의 실행 결과가 매우 성공적이었던 Salters' foundation units에 기초를 두고 있다.

셋째, 다양한 교수학습 전략을 사용한다.

넷째, 광범위한 지원을 교사에게 제공한다.

다섯째, 교육과정 운영에 융통성을 두고, 필요에 따른 교육과정의 구성이 가능하다.

통합과학교육을 제안한 Science Focus는 11-14세 학생들을 위한 것으로 교육과정(National Curriculum)을 실행하는 첫 번째 단계의 과정이다(표 5). Science Focus: The Salters' Approach는 수업의 필요성에 따라 내용을 적절히 구성할 수 있는 융통성 있는 구조로, '과학을 조사하기', '과학과 함께 활동하기', '교사용 안내서'로 이루어진다.

과학을 조사하기(Looking into Science)는 과학 개념을 도입할 필요성을 느끼도록 하는 활동들이 들어 있다. 실험실, 교실 또는 집에서 사용될 수 있다.

과학과 함께 활동하기(Working with Science)는 탐구적 접근의 개발을 돕는 실제적인 활동이 들어 있다.

교사용 안내서(Teacher's Guide)는 단원계획, 수업계획, 비전공한 교사를 위한 정보, 자세한 평가 등의 자료들이 들어 있어 교사의 교수학습 전략을 돕는다.

〈표 V-4〉 Science Focus: The Salters' Approach의 단원

7th Year units	8th year units	9th year units
Switching on	Music & Noise	Food
Paper chain	Seeing the light	Safe as houses
Neighbours	Full of beans	Growing up
Having babies	Body care	Safe journey
Skin deep	Wear & Tear	Current thinking
Making sense of IT	Child's play	Green machine
Out of this world	Conditions for life	Drinks
	On the rocks	Global concerns
	Fire friend & foe	Metals
		Seeing stars

3. 일 본

일본의 경우 1989년 이전에는 과학의 이수 상황이나 대학 입시가 주요 관심이었지만, 1991년 이후부터 자연 과학 전반의 학습 부진에 따른 학력 저하가 현저하게 나타나면서 자연 과학 전반의 필수화를 도모하지 않을 수 없게 되었다. 이에 국민적 소양으로서의 과학교육에 대한 논의가 활발해지면서 학생 전체를 위한 자연과 통합의 필요성이 강조되고, 통합적 자연과의 내용 구성을 위한 실험실 교육, STS 교육 등이 제안되고 있다. 여기서 논의되고 있는 자연과 통합은 물리, 화학, 생물, 지구과학을 나열하여 단순히 종합하는 것이 아닌, 보다 유의미한 과학과 통합을 지향하고 있다. 또한, 1994년부터 실시되고 있는 교육과정에는 고등학교 1학년을 대상으로 물리, 화학, 생물, 지구과학을 기초로 하는 과학과 통합 과목이 신설되어 있다.

일본의 경우 과학과 통합 과목은 통일된 자연관의 함양과 실험중심 교육, 그리고 과학

적 소양의 육성을 중심내용으로 하고 있다. 또한 과학과 통합에 환경 과학, STS, 과학사 등을 도입하는 것과 같은 노력을 하고 있다.

4. 호 주

호주에서는 1969년부터 1974년까지 중등학교 통합과학으로서 ASEP(Australian Science Education Project)과정을 연구·개발하였다. ASEP 과학 프로그램은 탐구과정을 시도한 중등학교 통합과정으로서, 학생의 인지발달에 기여할 수 있는 과학적 경험을 제공하고 있다. 이 과정은 Piaget의 인지발달이론에 그 기반을 두고, 호주의 각 주 간의 단절된 교육제도를 꿰뚫어 전 호주의 통합적인 과학교육 방법을 모색해 보자는 데 그 의미를 두었다. 뿐만 아니라, 환경을 개척하려는 데에 교육목표를 두고 있다.

ASEP에는 과학과 기술, 의사소통, 환경의 연구, 수학, 일과 여가 및 일상생활, 건강교육, 음악과 미술, 도덕적 판단과 가치, 사회문화의 9개 영역으로 구분되어 있다. 이중 과학영역은 '과학과 기술'과 '환경의 연구'이며, 각 단원 학습내용과 자료 선정, 교육적 철학 등이 포함되어 있다.

Ⅵ. 통합의 유형

Ⅵ. 통합의 유형

통합과학은 어느 한 교과로 명확하게 구분지을 수 없는 내용을 선정하고 조직한 과학을 말한다. 기존의 각 학문 영역에 공통적으로 적용할 수 있는 방법과 개념이 통합적으로 조직되고 구성된다. 이런 관점에서 볼 때, 통합과학이란 기존의 과학 영역의 구분을 없앰으로 인하여 과학교육의 효과를 극대화하자는 것이다. 통합의 범위나 정도, 형태에 따라 통합과학의 유형은 다르다.

1. 통합과학의 범위

과학 중의 어느 분야에서 내용을 택하였는가 하는 대상 선택의 범위에 따른 분류이다. 가장 좁게 보면 하나의 자연과학분야 속에서도 통합이 가능한데, 식물과 동물을 통합하여 생물이 되는 경우를 가리킨다. 접근해 있는 두 개의 자연 과학 분야를 통합한 경우는 물리와 화학을 함께 묶어 물상 과학으로 다루는 것이다. 다원적 자연 과학 분야의 소재를 통합하는 경우 즉, 자연현상 속에서 순수 과학에 속하는 것을 모두 내용으로 택하는 것으로 현재 우리나라의 중학 과학과 같은 경우이다. 또, 기초 과학과 응용과학 또는 공업 기술과의 통합, 자연 과학과 사회 과학의 통합, 더 나아가서 자연과학과 인문 과학의 내용을 연계지음으로써 인간성을 풍부하게 하는 것이 궁극적인 교육목표의 하나가 되는 통합이 있다.

2. 통합의 정도

선택된 내용들이 어느 정도의 깊이로 통합되는가의 심도에 따라 통합의 정도를 나눌 수 있다. 먼저 두 개 이상의 분야를 동시에 따로 학습시키면서 서로 영향을 주는 협동 과정의 형태가 있다. 이것은 물리, 화학, 생물, 지구과학을 따로 구별하여 가르치면서 서로 관련되는 내용들을 통합하는 수준이다. 다음으로는 서로 다른 분야의 소재들을 택하여 단원을 엮어놓은 연합과정의 형태라고 할 수 있다. 이것은 단원 수준의 통합이라고 할 수 있으며 각 단원은 물리, 화학, 생물, 지구과학내용으로 분명히 구별되나 책 전체로는 4영역이 모두 망라된다. 다음에는 장 수준에서 통일된 원리에 따라 연계 과목을 소재로 택하는 혼합과정의 형태가 있다. 이것은 단원 내의 장 수준에서는 각각의 내용 영역이 구별되나, 한 단원으로 보면 4영역의 내용이 모두 포함되는 장 수준의 통합이라고 할 수 있다. 마지막으로는 교재의 장 수준에서도 4영역의 내용이 모두 포함되는 완전 통합의 수준이 있다. 그러나 자연과의 4영역을 통합한다고 할 때, 완벽한 통합은 현실적으로 거의 불가능하며, 실제로 자연과 통합 교육과정을 개발하는 경우에 어느 정도에서 통합의 수준을 결정하느냐는 것이 문제가 된다.

3. 통합의 형태

효과적인 과학수업을 이끌기 위해서는 학생들의 요구, 가르치기 위한 과학적 내용이나 기술, 교수방법의 세 가지 요소가 적절하게 조화를 이루어야 한다. 이들의 조화가 학생들에게 탐색(exploration), 창조(invention), 신장(expansion)의 능력을 나타나게 한다. 통합의 형태는 각각의 특성을 가진 교과 영역들을 어떻게 연결하느냐에 따라서 또는 통합단원의 초점 방향에 따라서 단원의 구성을 어떻게 할 것인가에 따라, 또는 교수자나 교육자에 따라 다르게 구성된다. 대표적인 통합의 형태를 살펴보기로 하자.

가. 교과의 연결 방법에 따라서

1) 분과형

각 분과에 중점을 두고 전통적인 학문영역을 고수하는 관점으로, 통합의 정도에서 볼 때 이것을 비통합으로 정의할 수 있다.

2) 병행형

동시에 일어나는 사건을 통해 2과목의 학문을 학습하게 되는 형태이다. 예를 들면 지각 변동에 대하여 지질학과 화학을 관련시켜 다루고, 그 결과로 만들어진 지리적 조건에 대해서는 인문 과학적 관점에서 다루는 것과 같은 경우를 일컫는다.

3) 다학문형

한 가지 주제에 대해 여러 학문이 각각 가르쳐지는 방식이다. 즉, 하나의 주제에 관련된 개념이나 방법을 활용하여 학문별로, 또는 여러 학문이 동시에 해결해 나가는 방식으로 학문 간의 명백한 연결이 없어도 가능하다.

4) 간학문형

개념 혹은 방법이나 과정을 중심으로 두 개 이상의 학문을 연결하거나 재구성하는 방식으로 생화학, 분자 생물학, 천체 물리학, 지구 물리학과 같은 것이 그 예가 된다. 대부분의 모든 과목은 이러한 간학문성을 가지고 있으므로 하나의 주제를 중심으로 몇 가지의 학문이 통합될 수 있다. 이 경우의 통합은 학문 간을 투시하고 관통하는 어떤 연계성을 주제로 하게 된다. 그러므로 서로 다른 관점들을 수렴, 연결하여 복잡한 문제를 이해하게 되는 학문 간의 협동으로 볼 수 있다.

5) 완전 통합형

학교의 전체 교육과정에서 통합 수준을 논할 때는 이 단계를 완전 통합으로 정의할 수 있다. 그러나 이것은 교육과정의 총론 단계에서 논의되어야 할 수준이며, 그 예로 영국의 Summerhill을 들 수 있다. 좀 더 상술하자면, 교육학적으로 종합 교육과정에서는 기능이나 정의적 측면의 관련성까지 고려하여 각 과목들을 개념적으로 통합시킨다. 그러므로 상호관련성 있는 기술이나 정의적 목표 간의 관계가 통합과정의 필수 요소가 되며, 이러한 과정에서 학습자들의 다양성이 보다 더 강조된다고 한다.

나. 개발 초점에 따라서

통합의 유형은 과학교육과정에 적합한 단원을 개발하기 위한 통합 단원에 대한 초점에 따라 6가지로 나눌 수 있다. 개념 중심(concept-focused), 기능 중심(skill focused), 내용과 기능 중심(contents and skill focused), 논제 중심(issue focused), 프로젝트 중심(project focused), 사례 중심(case study focused)이다.

〈표 Ⅵ-1〉 개발 초점에 따른 통합의 유형

통합유형	설명	예
개념 중심	몇 개의 주요 개념을 중심인 단원	전기, 열
기능 중심	내용보다 기능에 중심에 둔 단원	관찰, 분류, 실험
내용과 기능 중심	내용과 기능이 같은 수준으로 강조되는 단원	변인통제를 통한 관찰, 분류
논제 중심	이슈에 대한 연구와 데이터 수집을 통한 조사활동이 포함된 단원	오염, 홍수조절
프로젝트 중심	문제해결 중심의 단원	지진에서의 생존전략
사례 중심	조사된 주제에 따라 활동을 전개하는 단원	학교의 소음관리

1) 개념 중심단원

대부분의 단원들이 이러한 성격을 띠는데 중심적인 주제로는 물질, 에너지, 빛, 식물, 날씨, 동물의 생활, 해양, 태양계, 소리, 암석의 순환, 우주, 물의 순환 등이다. 이런 단원에서는 내용이 아주 중요한 역할을 하며, 기능은 일반적으로 개념 중심단원에 통합되어 부차적인 역할을 한다. 이러한 단원의 학습자료는 주로 교과서 중심이며, 일반적인 교과과정에 의해 진행이 된다. 교사가 개념 중심단원에서 학생들의 개념변화에 영향을 주도록 개발하기 위해서는 다음의 다섯 가지 사항을 유념해야 한다.

첫째, 학생들이 그 개념을 설명하거나 묘사하는 데 어떤 단어들을 사용하며 왜 그런 식으로 생각하는 지에 대한 학생들의 생각에 주의를 기울여야 한다.

둘째, 개념에 익숙해질 수 있는 여러 환경을 접할 기회를 제공하고, 격려해야 한다. 적절한 시기에 실험과 활동이 주어져야 한다.

셋째, 학생들의 개념 변화에 대한 의사소통이 원활하게 이루어져야 한다. 소규모의 토론을 통한 학생 자신의 생각 발표는 자신의 개념에 확신을 주게 되고, 대규모의 토론은 많은 수의 생각들을 공유하게 할 것이다.

넷째, 학생들에게 미리 정확한 개념을 알려 주지 말고 스스로 의미를 구성하도록 해주어야 한다.

다섯째, 학생이 정립한 개념으로 새로운 문제 상황을 해결할 수 있는 기회를 제공해야 한다. 그렇게 함으로써 또 다른 생각으로부터 차이점을 깨닫고 발전적인 결론에 도달하게 될 것이다.

2) 기능 중심단원

기능을 익히는 것은 추상적인 개념을 이해하기 위한 기초이며 사고 기능을 가지는 것을 최종적인 목표로 한다. 기능 중심단원에서는 학생들이 익히는 기능을 크게 다섯 가지로 나누어 개발한다. 다섯 가지 기능은 기초 신체적 기능, 신체와 사고가 혼합된 기능, 사고 기능, 복합적인 사고 기능, 사회적 사고 기능으로 나뉘며, 이러한 수준에 맞게 단원을 개발해야 한다.

① 기초 신체적 기능

〈표 Ⅵ-2〉 활동소재와 관련된 기초 신체 기능의 예

활동	기능의 예
물	쏟기, 젓기, 떨어뜨리기, 뿌리기 등
운동	밀기, 당기기, 구르기, 뛰기, 달리기 등
식물	심기, 물주기, 담그기, 찢기 등

② 신체와 사고가 혼합된 기능

〈표 Ⅵ-3〉 활동소재와 관련된 혼합기능의 예

활동	기능의 예
물	용기에 담기 - 비교하기
운동	던지기 - 예측하기
식물	물주기 - 데이터 해석하기

③ 사고 기능

〈표 Ⅵ-4〉 사고기능과 관련 학생활동의 예

기능	학생활동의 예
관찰	자신의 감각기관을 통한 확인
의사소통	자세한 설명을 통한 묘사
분류	두 개 이상의 분류 체계에 따라 사물 나누기
관찰과 추론	관찰을 기반으로 구분하여 묘사하기
예측	관찰하는 상황에 대해 예측하기
측정	두 개 이상의 측정기구를 통한 측정하기
조직 및 결론 도출	데이터와 그래프를 그리고 결론 문장 작성하기
변인 통제	결과에 영향을 미치는 두 개 이상의 변인 조절하기
가설설정	관찰을 일반화시키는 가설설정

④ 복합적인 사고 기능

〈표 Ⅵ-5〉 복합사고와 관련 학생활동의 예

복합사고	학생활동의 예
비판적 사고	새로운 지식 이해하기
결정하기	최선의 선택하기
문제 풀기	어려움 해결하기
실험 수행하기	새로운 생각이나 설명을 일반화시킴
창조적 사고	새로운 생각이나 결과물 만들어 내기

⑤ 사회적 사고 기능

사회적 사고 기능에는 호기심, 증거에 대한 고려, 유연성, 비판적인 생각, 사람과 환경에 대한 책임 등이 있다.

3) 내용과 기능 중심단원

내용과 기능 중심으로 통합한 단원의 예는 '진자' 단원을 들 수 있다. 이 단원에서는 학생들은 진자의 주기에 영향을 미치는 조건에 대한 관찰과 예측을 하게 된다. 진자의 주기 문제를 해결하기 위해서는 추의 질량, 실의 길이를 바꾸던가, 추의 놓는 높이를 바꾸던가 하는 변인 통제가 필요하다. 학생들은 관찰, 측정, 추론과 변인 통제 등의 기능을 사용하게 되고, 얻은 결론으로부터 예측도 할 수 있게 된다.

4) 논제 중심단원

논제 중심단원은 개인과 단체 등 다른 사람들과의 연관 속에서 해답을 찾는 노력을 하는 활동을 포함해야 한다. 이 단원은 항상 답이 있는 것이 아니다. 많은 논제들이 복잡하고 쉽게 답을 얻을 수 없다. 학생들은 이러한 논제들을 탐색할 수 있고, 가능한 해결책을 확인하고 각 해결책에 대한 다양한 논쟁을 살펴보게 된다. 그래서 최적의 수단이 되는 해결책을 예측하게 된다. 여기서 주의할 점은 단원의 내용이 학생들의 생활과 아무런 연관성이 없다면 의미가 없을 것이다. 논제 중심의 대표적인 활동은 설문조사라고 할 수 있다. 설문조사를 통해 얻게 되는 데이터를 표와 그래프로 분석하여 결론을 얻어내는 활동이 가능하다.

5) 프로젝트 중심단원

프로젝트 중심단원은 어떤 주어지는 문제에 대한 체계적인 접근이 이루어지도록 단원을 구성해야 한다. 예를 들면, '공기 속에는 어떤 꽃씨가 있는가'에 대한 프로젝트를 해결하려면, 먼저 꽃씨가 풍부한 계절을 택해야 하며 학생들이 알레르기가 있는지에 대한 확인도 해야 한다. 그리고 이를 채집하기 위한 도구를 만드는 과정도 있어야 하며, 채집한 꽃씨를 분류하는 과정도 있어야 한다. 그러고 나서 인터넷 등을 통한 여러 경로로 다른 지역에서의 꽃씨 분포와 비교하는 과정도 있어야 한다.

6) 사례 중심단원

사례 중심단원은 일반적으로 한 문제에 대해 깊은 다루는 경우이다. 한 예로 '과학관 관장이 되기 위해 가져야 할 과학적 능력은 무엇인가'에 대한 단원을 만든다면, 학생들이 처음 하는 활동으로 과학적 능력에 대한 목록작성이어야 한다. 그런 다음 그러한 능력을 기르기 위해서는 어떤 일을 해야 하고, 어떤 공부를 하며, 어떤 경로로 그러한 지식을 얻을 수 있을 지에 대해서 자료를 수집하고 분석하고, 추론하고 예측하는 활동을 이어지도록 한다.

다. 기타의 유형

통합과학교육을 위한 통합의 형태는 다음과 같은 세 가지 유형으로 구분되기도 한다.

첫째, 학문분야에 기초한 학문 간 연계를 위한 통합이다.

둘째, 문제를 중심으로 하여 학문 간의 연계를 제안한 통합이다.

셋째, 창의적인 학문 간의 연계를 시도한 통합이다.

위의 통합유형을 기존의 개별 학문인 물리학에 적용시켜보면 아래 〈표 6〉과 같다.

〈표 Ⅵ-6〉 물리학의 통합과학유형

통합의 유형	물리학과 연계되어야 할 지식 영역의 예
학문과 관련분야	지구의 대기와 기후, 전기화학 체계, 고체 물리학, 전자 · 이온 · 레이저 빔
문제 중심	물질 최적화, 태양 과학기술 새로운 자동차 추진 방법, 오염지역의 복구
창의적	생물공학, 인공 신경체계 단백질, 혁신과 구조 변화

위의 세 가지 유형 중, 학습자의 실생활이나 경험과 직접 연계를 이룰 수 있는 문제(주제, 토픽) 중심이 교육에 있어서 효과적이다. 문제 중심이란 기존의 학문중심적인 개념 체계에서 벗어나 개념, 탐구과정, 현상 등이 적절히 조화를 이룬 체제로 다음과 같은 장점을 가진다.

첫째, 학습자의 경험이나 생활에서 부딪히는 문제들을 중심으로 학습을 전개하기 때문에 학문적 개념 중심 교육과정에 비해 학생들의 흥미와 관심을 끌기에 적합하다.

둘째, 학습자들에게 친숙하고, 쉽게 느껴질 가능성이 높다.

셋째, 활동 중심으로 이루어질 수 있는 여지가 많다.

넷째, 다양한 활동을 통한 접근이 용이하기 때문에 미래를 살아가는 데 필요한 창의성 신장, 개성 신장, 풍부한 인간성, 협동심, 모험심, 자율적 의사결정능력을 신장시키는 데 보다 유리한 점이 많다.

위에서 살펴본 것과 같이 통합과학의 형태는 접근 방법에 따라 다양하다. 효율적인 통합과학교육을 위하여 통합과학 프로그램 선택할 때 또는 통합과학 단원 개발을 위하여 고려해야 할 사항을 다음의 다섯 가지로 정리된다(Holman, 1987).

첫째, 통합과학 프로그램이 과학교육현장에서의 실질적으로 실행하는 데 용이해야 한다.

둘째, 통합과학 프로그램이 학생들에게 학습내용 및 과정이 적극적이고 긍정적으로 수용될 수 있어야 한다.

셋째, 통합과학 프로그램이 교사들에게 단원의 교수적인 측면뿐만 아니라 교육의 효과적인 측면에 있어서 수용될 수 있어야 한다.

넷째, 통합과학 프로그램이 폭넓은 맥락의 과학을 제시할 수 있는 방법으로서의 효과성을 지니고 있어야 한다.

다섯째, 통합과학 프로그램이 과학지식의 이해 및 과학 개념 변화에 효과가 있어야 한다.

Ⅶ. 통합과학의 교수방법

Ⅶ. 통합과학의 교수방법

통합과학의 교수방법에 관한 기본적인 방향은 자연현상을 이해하기 위한 과정이나 문제해결의 과정에 항상 정답이 있는 것이 아니라는 것이다. 또한 실생활에서의 의사결정은 보통 타협에 의해서 이루어지며 완전한 것이 아니고 유일한 정답이 있는 것도 아니다. 이러한 점을 강조하고 있는 통합과학교육의 개방적 특성은 학교의 과학수업에서 일반적으로 제시되고 있는 닫히고 제한된 정답이 있는 문제에만 익숙해 있는 교사나 학생들에게 처음에는 다소 어렵게 느껴질 수 있다.

통합과학의 지도 방법을 논의하기 전에 전통적 수업의 특성과 통합과학수업의 특성을 비교하여 생각하는 것이 도움이 될 수 있을 것이다. 전통적 수업의 경우 수업방법은 강의와 실험활동이 주가 될 것이며, 시범실험이나 질문법 등이 보조적인 수업방법으로 활용될 가능성이 높다. 또한 수업내용도 교육과정이나 교과서에 제시되어 있는 박제화된 형태의 지식 전달이 주가 될 것이며, 수업의 주체는 학생보다는 교사가 되는 것이 일반적인 형태일 것이다.

하지만 통합과학의 경우 그 특성상 수업의 주체 역시 학생이 될 것이며, 수업내용도 교육과정이나 교과서에 제시된 내용 외에 생활에서 부딪치는 다양한 소재들 예를 들어, 신문이나 잡지, 인터넷 내용, 다양한 활동 프로그램 등이 수업내용에 추가될 가능성이 높아지게 된다. 수업방법 역시 수업의 주체나 수업내용과 밀접하게 관련되기 때문에 전통적 수업에서 흔히 사용되는 강의, 실험활동, 시범실험, 질문 외에 다양한 수업방법이 활용될 수 있을 것이다.

통합과학 프로그램의 하나의 예로서 영국에서 개발된 STS 프로그램인 SATIS 14-16을 들 수 있다. 여기에는 100개의 단원이 포함되어 있는데 이들 단원의 활동유형을 살펴보면 통합과학 지도방법의 일단을 살펴볼 수 있다. Hunt(1988)는 이들 단원을 분석하여 활동유형별로 단원수가 어느 정도인지를 보고하였는데 〈표 7〉은 Hunt의 연구 결과를 나타낸 것이다.

〈표 Ⅶ-1〉 SATIS 14-16에 포함된 단원의 활동유형별 단원수

활동유형	단원수	백분율(%)
구조화된 토론	21	17.9
역할놀이 및 모의실험	9	7.7
문제해결 및 의사결정	17	14.5
자료 분석	21	17.9
조사활동	13	11.1
실제 활동	26	22.2
연구설계	2	1.7
사례연구	8	6.8
계	117*	99.8

*: 한 개의 단원이 한 개 이상의 활동을 포함할 수 있기 때문에 나타난 결과임

실제 활동이 22.2%로 가장 높게 나타나, 실험 등의 활동이 역시 가장 주된 활동으로 제시된다. 또한 구조화된 토론(17.9%), 문제해결 및 의사결정(14.5%), 자료 분석(17.9%) 등의 활동이 차지하는 비율은 전통적 수업방식에 비하여 훨씬 높은 비율로 구성되어 있다.

따라서 통합과학수업에서는 실험, 실습, 토론, 역할놀이, 자료 분석, 조사활동 등 다양한 지도 방법이 사용되고 있음을 확인할 수 있는데, 이러한 교수방법에 관하여 보다 구체적으로 알아본다.

1. 토 론

현대의 학습 심리학계에서는 토론법이 매우 중요시되고 있다. 이는 과학적 활동이 본질적으로 사회적이고 협동적인 과정에 의하여 이루어지며, 학습 역시 개인적 활동이기보다는 사회적, 협동적 활동이라는 주장에 근거하고 있다. 특히, 생활 주변의 다양한 현상이나 사건이 주요 수업내용이 될 수 있는 통합과학의 경우 그 중요성은 더욱 증대된다고 볼 수 있다.

많은 통합과학 단원들에는 토론 논제가 들어 있으며, 이러한 논제에 대한 올바른 답은

어떤 사람의 관점, 가치관, 그리고 신념에 의존함을 알게 한다. 과학에서 자연적으로 발생하는 토론 논제를 고려하면 다음과 같은 좋은 교육 효과를 얻을 수 있을 것이다.

첫째, 오늘날의 많은 논제들(예를 들면 환경오염, 원자력, 유전공학)은 과학과 기술에 뿌리를 두고 있다. 그러므로 과학에서도 이러한 논제에 대한 논쟁을 다루는 것이 필요하다.

둘째, 토론 논제를 다루어 보는 것은 과학을 합리적으로 접근할 수 있도록 돕는다.

셋째, 알코올 남용과 같은 사회적인 논제들은 다른 교과에서도 논의될 수 있지만, 과학수업에서 이러한 내용을 논의해 보면 과학이 이러한 문제에 대한 유용한 관점을 제공해준다는 것을 알게 된다.

넷째, 토론 논제들은 학생들의 관심을 불러일으킬 수 있고, 특히 전통적인 과학수업내용에 흥미를 느끼지 못하는 학생들에게 동기를 부여할 수 있다.

토론 수업의 본질은 상호작용에 있으므로 학생들이 적극적으로 참여할 때, 성공적인 수업이 보장될 수 있다. 토론 수업은 학생들에게 능동적인 사고과정을 요구하며, 학생들로 하여금 생각할 수 있는 여유와 시간을 제공하므로 사고력을 기르는 데 적합하다고 할 수 있다. 일반적으로 토론은 어떤 사안에 대하여 각자의 의견을 제시하고, 검토하고, 협의하는 일을 의미한다. 또한 학생들이 지식을 획득하고, 개념을 분석・평가하고 지식을 명료화하는 데 특히 큰 도움을 주는 것으로 알려져 있다.

토론은 통합과학 중, 특히 STS나 SATIS에서 매우 중요시되는 활동이다. 다음은 토론을 중요시하는 이유이다.

・STS는 종종 사실(fact)이 아닌 어떤 현상에 대한 의견을 다루며, 토론은 학생들이 자신의 의견을 표출할 수 있도록 돕는다.

・토론은 학생 자신의 생각의 장점과 단점을 깨닫도록 도우며, 다른 사람들은 같은 현상에 대하여 다른 의견을 가질 수 있는 것을 인정하도록 돕는다.

・토론활동은 과학개념의 학습을 도울 수 있다. 서로 서로 과학개념에 대한 생각을 이야기하고 그것을 새로운 상황에 적용시켜 보는 것은 학생들이 그러한 개념에 대하여 확실하게 이해할 수 있도록 돕는다.

많은 STS단원들(예를 들면 Living with Kidney Failure, Nuclear Power)은 토론을 할 수 있도록 구조화된 틀을 제공하고 있다. STS 교사 지침서에 토론을 잘 진행하기 위해서 유의할 점을 보면, 학습집단을 소집단으로 하고, 원형으로 좌석을 배치하고, 구체적인 문제에서 출발하여 더 일반적인 토론으로 이끌도록 하는 것 등에 대하여 언급하고 있다.

Falk(1980)는 교수·학습과정에서 토론이 다음과 같은 기능을 한다고 주장하였다.

· 새로운 단원, 실험문제, 시범실험 등을 소개한다.

· 어려운 이론적·추상적인 개념과 일반화를 설명한다.

· 개념 또는 절차의 명료화나 정교화가 필요한 시점에서 실험실활동을 대체한다.

· 자율적 사고를 격려하고, 비판적 분석·해석·판단 능력을 개발한다.

· 과학적 탐구의 구조에 대한 이해를 개발한다.

· 실험이나 다른 학습활동을 통해 배운 중요한 일반화를 요약한다.

토론에 의한 학습지도가 원만히 진행되기 위해서는 학생들이 자유롭게 자신의 의견을 개진할 수 있는 분위기가 선행되어야 한다. 또한, 학생들이 수업에 나름의 공헌을 할 수 있는 배경과 준비를 갖추고 있어야 한다. 교사 역시 수업내용에 대한 흥미와 기본지식을 가지고 있어야 한다. 학생들은 토론 과정을 통해서 어떤 자질과 능력만이 아니라 교과에 대한 태도도 길러야 하며, 학습에 대한 내재적 보상도 받아야 한다.

토론법은 상호작용에 따라 여러 가지 특색을 나타내는데 토론 과정의 상호작용에 영향을 미치는 요인을 살펴보면 다음과 같다(Falk, 1980).

· 교사와 학생의 개인적 관계

· 학생의 속성

· 교사에 의한 지식의 양

· 교사의 질문 기법

이와 같은 요인이 학생과 교사 사이의 상호작용에 미치는 영향도 주제와 상황에 따라 다르다. 토론을 통해 추구하는 궁극적인 목적 가운데 하나는 학생들이 수업에 능동적으로 참여하게 하는 데 있다. 학생들의 수업 참여도는 수업에 대한 그들의 태도에 달려 있다. 학생들이 수업에 무관심하거나 부정적인 태도를 가지고 있을 때보다는 교사를 좋아하고, 존경하며, 신뢰하는 등 적극적이고 긍정적인 태도를 가지고 있을 경우 수업에 참여하려는 의욕은 더 커진다. 토론법은 사고하는 기능과 기술을 바탕으로 하며 그것의 실제이기 때문에 지적 기능을 기르는 데 필수적인 수단으로 생각되고 있다.

토론법에 의한 수업은 여러 장점과 단점을 지니고 있다(진위교 외, 1995).

〈표 Ⅶ-2〉 토론법의 장점과 단점

장점	단점
· 학습자의 학습활동을 고무시킨다. · 흥미를 유지할 수 있다. · 단조로움을 피할 수 있다. · 학습자가 다른 학생의 생각을 참고하여 자신의 생각을 점검할 수 있다. · 질문에 의해 비판적 사고를 자극할 수 있다. · 학습자에게 학습에 대한 책임을 지울 수 있다. · 민주적 협동 기능의 연습이 가능하다. · 진도가 빠른 학생의 경험을 공유할 수 있다. · 학생들의 능동적인 참여를 유도할 수 있다. · 교사에게 피드백을 제공할 수 있다.	· 학습자가 능동적으로 참여하는 정도가 그의 능력과 분위기에 의해 결정된다. · 시간이 낭비될 수 있다. · 자극적 질문의 준비가 필요하다. · 토론이 지체될 때 그것을 속개시킬 수 있는 보조자료가 필요하다. · 인간관계, 토론 지도 및 학급 통제를 위한 교사의 기술이 요구된다. · 항상 요약할 필요가 있다. · 화제를 신속하게 전환하고, 적응시키며, 조절할 필요가 있다. · 허용할 수 있는 학습지도 안내가 필요하다. · 학생은 언제나 학습 자료를 읽거나 준비해야 한다. · 활발한 토론을 위해 집단의 크기를 제한해야 한다. · 학습자의 배경과 성숙에 있어서 동질적이어야 한다.

토론은 토론의 주체에 의하여 교사주도의 토론과 학생주도의 토론 그리고 집단주도의 토론으로 구분되며(Dillon, 1994), 내용에 따라 학생이 수행할 탐구와 계획에 대한 토론, 실험의 결과에 대한 토론, 검토나 요약에 관한 토론 등으로 분류할 수 있다. 또한 토론 상황에 따라 개방적 발견적 교수·학습 상황은 물론 안내된 발견적 교수·학습 상황에도 적용이 가능하다.

2. 역할놀이

특정한 지위나 입장에 처해 있는 사람의 가치 체계와 신념을 알아볼 수 있는 방법 중의 하나는 그 사람의 역할을 직접 연기해보는 것인데 이를 교육학적 용어로 역할놀이라고 한다. 역할놀이는 감정이입을 통해 다른 사람의 입장을 이해하는 데 큰 도움이 된다(Solomon, 1993). 이것은 역할놀이를 통해 다른 사람이 자기와 다른 견해를 가질 수도 있다는 것을 이해할 수 있기 때문이다.

역할놀이는 과학과 기술로부터 파생된, 집단 이익과 가치가 관련된 사회적 문제를 해결하는 데에 특히 유용하다. 때문에 사회와 관련된 제반 주제를 다루게 되는 통합과학의 특성상 긴요하게 사용될 수 있는 수업방법이라 할 수 있다.

역할놀이는 학생들에게 어떤 상황에 대하여 토론하고, 그 상황 속의 인물이 어떤 행동을 할 것인지를 제안하거나 실연해 보이며, 이와 같은 행동의 과정과 그 결과를 평가하고, 주어진 문제의 해결책을 제시하게 하는 절차에 따라 수행된다. 역할놀이를 하는 과정에서 학생들은 학습내용을 실생활과 관련시켜 이해하게 되고 자신의 행동은 물론 다른 사람의 행동에 미치는, 또는 다른 사람에게서 받는 영향을 이해하게 된다. 즉, 학생들은 역할놀이를 통하여 과학이 인간에 의한, 인간을 위한 학문임을 깨닫게 되는 것이다(Solomon, 1993).

학생들을 집단으로 나누고 각 집단에 역할을 부여하면, 협동하여 학습할 수 있는 분위기가 자연스럽게 조성된다. 따라서 역할놀이는 학생 위주의 학습지도를 유도하는 데 효율적으로 적용될 수 있다. 서로 역할을 나누어 학습하는 과정을 통하여 학생들은 경쟁심보다는 협동심을 기르게 된다. 일반적으로 강의를 통한 학습보다는 역할놀이를 통한 학습에서 얻어진 지식이 오랫동안 파지되고, 더 많은 탐구 기능과 기술이 습득될 수 있다고 알려져 있다.

일반적으로 역할놀이는 의사결정이 필요한 문제 상황에 효과적으로 알려져 있다(김종량, 1994). 즉, 역할놀이는 과학지식의 논리적 구조를 이해시키는 데에는 강의법보다 못하며, 탐구능력을 기르는 데에는 탐구법보다 비효과적이다. 또한 역할놀이는 교수·학습의 목표에 따라서도 그 효과가 달라지며, 동일한 효과를 추구할지라도 문제에 따라 그 심각성이 달라진다. 역할놀이가 효과를 제대로 발휘하려면 교수·학습주제와 소재가 학생들의 흥미를 끌 수 있고 학생들이 직접 경험할 수 있는 것이라야 한다.

역할놀이 학습이 제대로 이루어지게 하기 위해 교사는 다음과 같은 사항에 주의를 기울여야 한다. 먼저 교사는 적절한 역할놀이 장면을 선정·제시하고 학생들에게 역할을 부여하는 일을 해야 한다. 즉, 학생들이 당황하지 않고 진짜인 것처럼 행동할 수 있는 지원적 분위기를 조성하며, 자발성과 자율적 학습을 장려할 수 있는 역할놀이를 구상할 수 있는 일에 주력해야 한다. 또한 교사는 학급의 모든 학생들이 역할놀이에 긍정적인 태도를 가지고 그런 수업에 적극적으로 참여하고, 학생들이 역할을 맡을 수 있는 기회를 누구에게나 공평하게 주고, 누구나 자유롭게 의견을 말할 수 있는 학습 환경을 조성해야 한다. 이와 더불어 교사는 정당한 역할놀이를 위해 모든 학생들의 의견을 존중하며, 몇몇 소수의 특정 학생들이 학습 분위기를 주도하는 일이 없도록 특별히 주의해야 한다.

역할놀이를 통해 습득할 수 있는 기능은 대체로 다음과 같은 것이 있다(박성익 외, 1994).

- 토론법의 장점과 단점, 자신의 의견을 다른 학생에게 구두로 혹은 문장으로 자유롭게 표현할 수 있으며, 다른 사람도 똑같이 그럴 수 있음을 자각한다.
- 여러 해답이 있는 문제의 해결 과정에서 자신의 생각을 제시할 수 있다.
- 문제해결방법 및 결과에 관하여 토론할 수 있다.
- 주어진 상황에서 다양한 행동유형을 생각할 수 있다.
- 역할놀이에 자진하여 협조적으로 참여한다.
- 자신의 경험과 역할놀이를 관련지어 기술, 해석, 평가할 수 있다.

역할놀이를 많이 제시하고 있는 STS 단원들(예: Dam Problems, The Gold Mine Project, The Limestone Inquiry, Should we Build a Fallout Shelter?)은 다음과 같은 많은 장점을 강조하고 있다.

- 역할놀이는 실생활에서의 의사결정하는 능력을 기르는 데 유용하다.
- 역할놀이는 사람들의 의견이 서로 다르거나 대립될 수도 있으나 서로의 의견을 동등하게 제시하여야 하는 것을 알게 할 수 있다.
- 역할놀이는 수동적인 학습이 아니라 능동적인 학습이기 때문에 효과적이다.

· 역할놀이는 말하는 능력과 보통의 과학수업에서 학습되지 않는 자질을 개발할 수 있는 기회를 줄 수 있다.
· 역할놀이는 학생들의 자신감을 증진시킬 수 있고 협동적인 활동을 도울 수 있다.
· 역할놀이는 학생들의 참여, 관심, 흥미를 증진시킨다.

역할놀이를 처음 실시할 때 교사들은 학생들이 소란스럽고 통제에서 벗어난 것처럼 보여서 걱정을 할 수 있다. 그렇지만 학생들을 도와서 역할놀이 수업을 진행하면 좋은 교육효과를 얻을 수 있다. 능력이 부족한 학생들은 역할을 준비하고 질문하는 데 어려움을 느낀다. 논제에 대한 토론이 진행되는 과정에서 역할카드에 적혀있는 정보가 제한적이기 때문에 학생들은 정보와 배경지식이 부족하여 어려움을 느낄 수 있다. 그러므로 학생들에게 준비할 수 있는 충분한 시간을 주고 토론진행에 필요한 여러 가지를 교사가 도와주어야 한다. 일반적으로 역할놀이는 역할놀이 상황의 선정, 역할놀이 준비, 역할놀이 실연의 선정, 청중의 준비, 역할놀이 실연, 실연에 대한 토론과 평가의 여섯 단계를 거치는 것으로 되어있으나, 반드시 이 순서를 엄격히 지켜야 하는 것은 아니다. 각 단계의 중요도와 학생들의 지적 배경, 기술, 그리고 흥미도에 따라 어떤 단계를 반복하거나 건너 뛸 수도 있다(박성익 외, 1994).

역할놀이 상황은 실생활 · 신문 · 잡지 등 다양한 출처로부터 선정할 수 있다. 실제의 수업에서는 주로 교사가 선정한 상황을 주제로 사용하지만, 학생들이 제안한 사건이나 현상을 주제로 이용할 수도 있다. 역할놀이 상황 선정 시 고려될 수 있는 일반적 원칙으로 다음은 다음과 같다.

· 가능한 한 여러 가지 의미로 해석될 수 있으며, 결말이 날 수 있고, 해결될 수 있는 것이어야 한다. 주제는 학생들이 경험과 견해에 따라 다르게 행동할 수 있는 것이어야 한다.
· 개인의 사생활이나 권리를 침해하는 것이어서는 안 된다. 지나치게 개인적인 사건은 피하며, 교과서 밖의 주제를 선정할 경우 학급의 누구나 쉽게 이해할 수 있고 누구에게나 자주 일어나는 현상을 선정한다.
· 가능한 한 모든 학생에게 친숙한 것을 고른다. 학생들이 자신의 경험에 비추어 토론에 참여할 수 있는 것을 선정한다.

3. 실험 및 현장수업

전통적 과학학습이든 통합과학적 학습내용이든 실험 및 현장수업은 가장 빈번하게 이루어지는 학습활동이다. 다만 통합과학의 특성을 고려할 때, 실험실에서 이루어지는 일반적 실험 형태의 활동은 전통적 과학학습에 비하여 그 비율이 약화될 것이며, 현장수업의 경우는 전통적 과학학습보다 오히려 강화될 가능성이 많다.

현장수업은 견학, 현장 학습, 야외 실습 등을 포괄하는 수업형태로 과학교육 현장에서는 견학, 현장학습, 야외실습 등이 혼용되고 있으나 이들의 의미는 서로 다르다.

견학은 학생들이 연구기관, 공장, 농장, 목장, 박물관 등을 방문하여 직접 관찰하고 조사함으로써 풍부한 현장경험을 쌓게 하는 데 그 목적이 있다. 현장학습은 견학에 비하여 보다 능동적인 활동과 참여로 이루어지는 학습 형태를 말하며, 야외실습은 자연에서 이루어지는 수업으로서 흔히 자연을 통제하는 실험실 수업과 대비되는 과학수업의 한 형태로 이해되고 있다.

현장수업은 과학이란 직접적 경험을 통하여 학습된다는 원리를 응용하는 수업 전략이다. 현장의 학습내용과 경험은 교실의 것에 비하여 학생들에게 보다 밀접한 관계가 있는데 이는 현장수업의 대상이 생활과 관련되어 보다 친밀하게 생각되는 장소와 관련이 있기 때문이다. 또한 현장수업은 과학적 태도를 기르는 데에도 매우 효과적인 학습지도전략이다. 학생들이 가지고 있는 과학이나 과학자 그리고 과학수업에 대한 태도를 아주 극적으로 바꾸어줄 수 있는 지도전략이 바로 현장수업이라 할 수 있다. 뿐만 아니라 과학적 지식 역시 현장수업을 통해 관찰하고 배운 내용은 오랫동안 파지하게 된다. 이 밖에도 현장수업은 다음과 같은 효과가 있는 것으로 보고 되고 있다.

- 과학의 특정한 측면에 대한 동기와 자극을 유발하고, 그에 대한 새로운 지각을 생성한다.
- 관찰하고 지각하는 기능을 개선한다.
- 관련 직업에 대하여 흥미를 가지게 한다.
- 배운 과학지식을 오랫동안 파지하게 한다.

위에 제시한 내용 외에도 현장수업이 필요한 경우는 많이 있다. 어떤 동물의 생활 방식을 학습한다든지, 특정한 식물 군락을 관찰한다든지 하는 내용들은 현장이 아니면 생생한 장면을 접하기 어려울 것이다. 또한, 커다란 공장의 생산 라인을 살펴본다든지 하는 내용 역시 현장수업이 적절한 예로 생각할 수 있다.

현장수업을 실시할 경우, 수업의 장소와 학습지도전략은 대단히 중요한 고려 요인이 된다. 특히 장소의 경우 실습 시기, 실습 시간, 학교로부터의 거리, 학습의 목적 등을 고려하여 선택하여야 한다. 현장수업 전략은 수업의 주제와 장소, 시간 등에 의해 결정된다고 할 수 있다. 하루 이상의 비교적 장기간을 요하는 현장수업의 경우, 현장을 방문하기 전부터 철저한 준비가 요구된다. 방문할 기관, 장소, 날짜 등을 충분한 시간 전에 미리 결정하고, 학생들에게 모든 계획을 사전에 고지하여 준비에 만전을 기하도록 해야 한다.

현장수업은 관련주제에 대한 해박한 지식과 정교한 수행기술을 요구한다. 또한 적절한 추수지도와 평가과정이 요구된다. 대부분의 경우, 현장수업은 다음과 같은 질문에 대해 충분히 생각해본 후 현장으로 출발해야 한다(Simpson & Anderson, 1981).

· 현장수업의 목적은 무엇인가?
· 현장수업 목표가 다른 학습지도전략을 적용할 때보다 더 쉽게, 그리고 더 짧은 시간에 성취될 수 있는가?
· 현장수업 장소와 자원은 무엇인가?
· 현장수업에 필요한 경비는 얼마인가?, 교통수단은 무엇인가?, 기타 다른 문제는 없는가?
· 학교직원, 학부모, 자원인사 등과 함께 준비해야 할 사항이 있는가?
· 보험, 학부모의 승낙 등 법적인 요건을 만족시켰는가?
· 모든 가능한 안전 조치를 취했는가? 가장 가까운 병원이나 응급치료장소를 확인했는가?

4. 멀티미디어 자료의 활용

통합과학에서 다룰 수 있는 주제는 정치, 경제, 사회, 문화 등 우리 생활주변의 모든 소재에서 가져올 수 있기 때문에 신문, 잡지 등의 인쇄매체뿐 아니라 비디오, 영화, TV, 인터넷사이트 등의 영상매체에서도 얼마든지 자료를 취할 수 있다.

특히 최근에 급격히 보급되고 있는 컴퓨터를 이용하는 멀티미디어 자료의 활용은 수업에 대한 흥미도와 관심을 높이는 데 효과가 있을 것으로 생각된다.

비디오의 경우, 영화, TV에서 방영된 각종 다큐멘타리 프로그램 등을 활용하는 수업은 통합과학에서 손쉽고 효과적인 교수·학습방법이 될 것으로 기대된다. 또한 인터넷에 탑재되어 있는 멀티미디어 자료는 풍부성과 접근용이도 면에서 다른 학습 자료보다 월등하게 우월한 위치에 있다고 할 수 있다. 여러 과학교육원, 과학교육연구소, 기타 대학이나 연구기관에서 운영하는 인터넷사이트에는 통합과학의 소재가 거의 무궁무진하게 탑재되어 있다고 할 수 있다.

한편 컴퓨터는 시뮬레이션으로 모의실험을 가능하게 해준다. 시간적, 공간적, 안전성, 복잡성, 비용의 문제 등 때문에 실제로 해보기 어려운 다양한 현상에 대하여 시뮬레이션은 실제와 유사한 모델을 제공함으로써 학생들로 하여금 추상적이고 복잡한 현상을 보다 구체적이고 단순한 방법으로 다룰 수 있게 해준다. 또한 컴퓨터 시뮬레이션은 어느 분야에나 적용이 가능하고, 대리경험을 통하여 복잡한 현상을 탐색하게 하고 문제해결기술의 개발에도 도움이 된다. 하지만 최근에 개발된 멀티미디어 자료 중에는 실제 활동이 훨씬 의미 있고 가치 있는 학습방법임에도 그저 인쇄매체를 대신하는 수준의 자료도 찾아볼 수 있다. 또한 수공적 탐구 기능의 경우, 시뮬레이션은 결코 탐구활동을 대신하는 활동이 될 수 없다. 멀티미디어 자료는 실제 활동이 너무 어렵거나, 공간적으로 접근이 곤란하거나, 크기가 너무 작거나 큰 경우 등 현실세계에서 쉽사리 접근하기 어려운 현상을 다루는 데 보다 효과를 발휘할 것으로 생각된다.

5. 소집단활동

통합과학 단원에서는 종종 소집단활동을 제안하고 있는데, 소집단활동을 하게 하면 협동심을 기를 수 있고 수업과제에 대하여 부담감을 적게 느끼고, 서로간의 의사소통이 활발하게 이루어지게 할 수 있는 이점이 있다.

6. 문제해결활동

문제해결이 정확하게 무엇을 의미하는 것에 대해서 약간의 논쟁이 있으나 문제해결은 과학에서 빈번한 활동이다. 교과서나 활동지에는 학생들이 해결할 것으로 기대되는 문제들을 많이 제시하고 있다. 그러나 이러한 것들은 보통 '닫힌 문제'이고, 문제의 목표와 문제를 해결하는 경로도 명확하다. '개방된 문제'에서는 문제의 목표는 명확하지만 답은 유일하고 정답이 아니다. 그리고 그 답을 찾는 경로도 명확하지 않다.

개방된 문제해결은 과학에서 가치 있고 보상받을 수 있는 활동이다. 그것은 실생활문제를 해결할 수 있는 방법을 반영하며 매우 흥미를 일으킬 수 있다. 특히 STS는 많은 문제해결활동이 포함되어 있는데, 몇 개는 닫힌 문제이고 몇 개는 개방된 문제이다. 예를 들면 How would you Survive? 단원에서의 목표는 북극에서의 생존이다. 한계상황이 이용할 수 있는 자료의 항목으로 주어지지만 가능한 해답이 있다. 단원에서는 문제를 해결할 수 있는 방법에 관한 대략적인 설명만이 주어진다.

문제해결 학습의 문제점은 시간이 많이 소요된다는 점이다. 학생들이 계획을 세우고 해결책을 토론하고 그것을 실행하는 데 시간이 많이 소요되므로 그룹으로 해결하게 하는 것이 좋다.

7. 읽는 활동

과학수업은 실제 활동을 많이 하는 과목이므로 과학수업에서 교과서 외의 자료를 읽게 하는 것은 흔하지 않다. 그런데 과학의 사회적인 측면을 가르치려면 자료를 읽는 것이 중요하다. 예를 들면, 역할놀이를 하기 위해서도 미리 일정량의 자료를 읽는 것이 필요하다. 다음과 같은 활동을 이용하면 자료 읽기를 효과적으로 할 수 있다.

· 중요한 부분을 밑줄 긋기
· 표나 그림으로 자료의 내용을 요약하기
· 용어의 정의 요약하기
· 순서 맞추기
· 자료를 각색하기
· 순서도 만들기
· 특별한 논제에 관한 논의들을 분석하기

8. 실제적인 탐구활동

실제적인 탐구활동은 과학에서 중심적인 활동이기는 하나 과학교육의 모든 목표를 달성하는 데 꼭 필요한 것은 아니다. 그럼에도 불구하고 과학에서 많은 일상적인 측면은 실제 활동으로 이끌어지고, 많은 통합단원이나 STS단원에는 실험이 들어 있다. 탐구적이고, 개방적인 문제해결 형태의 실제 활동은 실생활에서의 문제에 대한 답을 찾는 영역에 적절할 것이다.

교사들은 SATIS에 제시한 형태로 나름대로의 실제 활동을 개발할 수 있을 것이다. 다음은 그 예들이다.

〈표 Ⅶ-3〉 SATIS에 제시된 실제적 탐구활동의 예

SATIS단원	관련된 탐구활동
Controlling Rust	여러 가지 녹 방지 방법의 효과를 비교하기
Sulphurcrete	콘크리트의 강도에 영향을 주는 요소를 알아보기
Noise	사람에게 가장 불쾌하게 느껴지는 소리를 찾아보기

예를 들면, Which Anti Acid?라는 SATIS의 단원은 가격, 포장에 기초를 두고 제품의 생산과정의 효율성을 비교하는 실제 활동이 들어 있다. 이러한 활동은 학생들이 상품, 제품화하는 비용, 상업적인 다양성을 비교할 수 있는 관점을 형성하도록 한다. 과학교육은 개방된 태도, 합리적 사고, 사물을 검증하는 태도를 고무시켜야 한다. 이러한 것은 소비자가 매일 경쟁적인 광고와 만나고 상품을 선택해야 하는 시장-경제에서 필요하다. 또한 상품이 제조되고 전달되는 과정을 고려한 '공정 가격'에 대한 인식을 할 수 있도록 도울 수 있다.

9. 통합과학교육을 더욱 효과적으로 만드는 방법

통합과학교육을 더욱 효과적으로 만들기 위해서 다음과 같은 사항을 주의해야 한다.

· 단원을 상황에 따라 수정 응용하여 사용한다.
· 과학은 도처에 존재한다는 것을 기억하고 다양한 현장학습을 시킨다.
· 지역에 있는 산업체와 연계하여 학습을 한다.
· 의사(인체), 전기기술자(전기), 사진가(광학)와 같은 외부에 있는 사람을 초청해서 수업한다.
· 산성비와 같은 논제를 다루는 텔레비전, 신문, 잡지와 같은 대중매체를 이용한다.
· 비디오나 슬라이드 같은 시청각 자료를 이용한다.
· 특별히 제작된 과학에 대한 탐색도구(Science trails)를 이용한다.
· 프로젝트활동, 여론조사, 포스터 만들기와 같은 다양한 활동을 하게 한다.

Ⅷ. 통합과학의 평가

Ⅷ. 통합과학의 평가

오늘날의 통합과학교육은 학습자의 특성 및 개성을 존중하는 총체적이며 자율적인 교육을 지향한다. 최근 통합과학교육 연구자들의 관심은 과학교육과정의 목표 및 교수법에 부합되고, 학습자의 문제해결력과 탐구능력, 정의적 영역, 그리고 창의성을 평가할 수 있는 '수행평가'에 집중되고 있다(Herman, et al., 1992). 이것은 지난 60년간 교육계를 지배해왔던 평가가 1990년에 들어서면서 새로운 전환 국면을 맞았음을 의미한다(Stiggins, 1991).

1990년대 이전의 과학교육의 평가는 주로 선다형이나 수학적 문제풀이와 같은 표준화된 테스트의 형태를 발전시켰다. 잘 계획되고 주의 깊게 개발된 선택형 문제는 과학지식에 대한 학습자의 복합적 이해 정도를 측정할 수 있다. 그러나 그것은 근본적으로 학습자의 사고과정을 '수렴적'으로 제한한다. 이것이 선택형 검사의 기본적인 한계로써, 문항들을 통해 측정할 수 있는 능력이나 지식의 범위가 한정되어 있음을 의미한다(Haertel, 1991). 최근 연구 결과에 의하면, 지필 평가를 통한 과학적 능력과 실험과정에서의 탐구능력은 학습자에 따라 차이가 있는 것으로 나타났다(김동찬, 1991). 이와 같이 지필 평가와 실험과정평가의 결과가 다른 것은 지필 평가 문항은 문제 상황이 단순하고 구체적으로 제시되는 반면, 실제 실험은 전체적인 맥락에서 과학 개념과 종합적 사고가 요구되기 때문이다(최병순 외, 1994). 따라서 지필 형태로 제한된 평가는 학습자들에게 완전학습 능력, 참여, 창의성, 자신감, 지속성, 새로운 사고의 생성 등과 같은 자연과 학습 요인들(Park, 1998)에 대하여 다양한 학습평가의 기회를 제공한다고 볼 수 없다.

수행평가(performance assessment)는 학습자들이 '무엇(what)'을 알며, 주어진 현상을 이해하기 위해 '어떻게(how)' 과학적 개념들을 사용하는가를 총체적으로 이해하고자한다. 또한 서술된 결과에 제한하지 않고 과학적 개념과 과학적 태도·사고, 정의적 영역, 창의성 등에 대하여 다양하게 평가하고자 하는 노력이다(Chittenden, 1991; Lazzaro & Park, 1994; Meisels, 1993; Perrone, 1990; WCEA, 1993).

한편 SATIS에서는 통합과학교육의 평가가 총체적으로 이루어져야 하는 이유를 다음과 같이 주장한다.

첫째, 인지적 영역뿐만 아니라 사회적 및 기술적인 측면이 교수목표에 들어갈 가치가 있다면 당연히 평가할 가치가 있다. 그러한 측면은 단편적인 평가로는 제한적이다.

둘째, 사회적 및 기술적인 측면이 평가되지 않으면 교사들이 사회적 및 기술적인 측면의 내용들을 전혀 가르치지 않을 것이다.

셋째, 의사소통 능력과 같은 사회적 및 기술적인 측면에 대한 평가는 보통 과학에서 평가되는 기능의 범위를 넓혀 준다.

1. 수행평가의 정의

수행평가에 대한 정의는 학자에 따라 다양하게 내리고 있다. Gitomer(1993)에 의하면, 수행과제는 중요하다고 인식되는 지식, 기능, 가치의 사용이 요구되고, 뿐만 아니라 학문영역의 구성원들이 참여하는 과제와 질적으로 일치한다. 이러한 과제 수행과정의 질을 판단하는 활동을 수행평가로 정의한다. Berk(1986)는 "수행평가는 개인에 대한 의사결정을 위해 체계적인 자료를 수집하는 과정"이라고 정의하면서 수행평가의 특징을 다섯 가지로 설명하고 있다. 첫째, 수행평가는 과정(process)이지 검사나 어떤 단일한 측정도구가 아니다. 둘째, 수행평가 과정은 다양한 도구와 전략들을 사용하는 자료 수집에 초점을 둔다. 셋째, 자료는 체계적 관찰이라는 수단을 이용하여 수집한다. 넷째, 수집된 자료는 의사결정이라는 목적을 위해 통합된다. 다섯째, 의사결정의 대상은 프로그램이나 결과물이 아니라 피고용자나 학생과 같은 개인이다(남명호, 1995).

국내 연구에서 백순근(1998)은 수행이 구체적인 상황하에서 실제로 행동을 하는 과정이나 그 결과를 의미한다고 언급하면서, 수행평가를 학생 스스로가 자신의 지식이나 기능을 나타낼 수 있도록 산출물을 만들거나, 행동으로 나타내거나 답을 작성(구성)하도록 요구하는 평가방식이라고 정의한다. 남명호(1995)는 수행평가는 학습과정, 결과물(일기, 글짓기, 작품집, 전시물 등), 수행(연구, 음악공연, 토론 등)을 모두 포함하는 광의의 개념이라고 정의한다.

한편, 수행평가는 직접평가(direct assessment), 참평가(authentic assessment), 대안평가(alternative assessment), 수행평가(performance assessment), 비형식평가(informal assessment), 균형평가(balanced assessment), 교육과정내재평가(curriculum-embedded assessment) 등으로 지칭된다. 직접평가는 간접적이고 대리적인 과제(검사 문항이 대부분)에 의존하는 전통적인 평가와 대비되는 면을 강조하고, 참평가는 학생 행동의 작은 단편들을 표집 하여 실시하는 전통적인 검사와 대비시켜 학생이 "참으로 가치 있는(authentic)" 과제를 어떻게 수행하는가를 평가하는 것을 의미한다. 그리고 이러한 평가들이 전통적인 검사에 대한 대안으로서 제안되었기에 대안 평가라는 이름으로 불리기도 한다. 이러한 용어들은 강조점이 약간씩 다르나, 모두 전통적인 선다형 지필 검사의 대안, 그리고 일상생활과 관련된 과제에 대한 학생의 수행을 직접 평가한다는 공통적인 특징이 있다.

위에서 언급한 여러 학자들의 다양한 정의들을 기초로 하여 수행평가를 다음과 같이 정의할 수 있다. "수행평가는 학생들이 지식을 구성해 가는 과정, 혹은 실생활에서 부딪칠 수 있는(또는 실제적인) 문제를 과학 개념, 과학적 사고 및 탐구과정, 창의성, 적용, 그리고 과학적 태도 등을 통해서 해결하는 과정 및 결과를 다양한 방법과 증거 수집을 통하여 총체적으로 이해하고자 하는 노력이다."

수행평가의 요소는 수행과제, 반응양식, 채점체계의 세 가지로 정리된다(Brown & Shavelson, 1996). 첫째, 수행과제(performance tasks)로서, 이는 학생들에게 문제를 풀도록 하는 구체적인 상황을 제공하며 더불어 구체적인 자료도 함께 제공한다. 학생들은 수행과제를 해결하기 위해 특별한 수행을 하며 수행평가는 이 과제 수행의 과정과 결과를 평가한다. 둘째, 반응 양식(response format)인데, 이것은 학생이 발견한 방법이나 해답 과정 등을 다양한 방법으로 기록하여 타인에게 이를 명확히 알릴 수 있도록 하는 기록지를 의미한다. 여기에는 학생이 결과를 요약하고 도표화하는 능력이라든가 상호작용하는 능력 등이 평가요소로서 나타난다. 셋째, 채점체계(scoring system)로서, 이것은 평가자가 학생의 수행과정과 결과를 관찰하거나 검토하면서 직접 점수화하기 위한 기준이라 할 수 있다. 이 세 번째 요소가 없어도 수행과제를 통한 수업은 가능하다. 그러나 평가를 했다고는 말할 수 없다고 그들은 주장한다.

한편, 김찬종과 김혜정(1998)은 우리나라 교육 현장에 적합한 수행평가(포트폴리오) 형태의 구성 요소로 목표, 증거, 평가준거를 제시하였다. 그들에 의하면, 수행평가의 구성은 교사에 따라 융통성 있게 계획되어야 하고, 학생들이 이해하기 쉬운 구체적 학습 목표와 학생들이 작성한 증거를 평가할 수 있는 타당하고 효율적인 평가준거가 개발되어야 한다고 주장하였다.

2. 수행평가의 배경

수행평가는 '사회적 변화'와 더불어 '평가 패러다임의 변화' 그리고 '학습관의 변화'와 함께 발달하였다. 첫째, '사회적 변화'는 21세기의 정보화, 세계화, 개방화, 다양화, 자율화 등으로 나타나는 미래 사회에 대비한 바람직한 인간교육을 의미한다. 교육의 가장 일반적인 목표는 인간을 체제에 적응시키는 것, 그리고 학생들이 현재와 미래, 학교 및 외부 사회에서 성공적으로 기능할 수 있게 하는 것이다. 그러나 특정시기마다 요구되는 기능들은 동일하지 않다. 19세기의 산업 사회에 필요한 사회화 기능, '다수를 위한 교육'은 기초적인 지식의 습득에 중점을 둔 반면, 높은 단계의 사고 및 지적추구는 엘리트 통치 집단의 전유물이었다. 그러나 '정보시대'라 일컫는 기술 혁명의 시대에는 다원주의와 지속적이고 역동적인 변화가 특징이다. 또한 정보는 무한하며 역동적이다.

역동적인 시기에 요구되는 학습자는 적응가능하고 사고력이 있으며, 자율적인 자기조절 학습자, 그리고 다른 이들과의 의사소통과 협동이 가능한 학습자이다. 즉 사회가 복잡해지고 정보의 양이 넘쳐나면서 이전의 사회에서는 필수적이라고까지는 할 수 없었던 인간의 기능들이 요구된다. 성공적인 학습자가 갖추어야 할 능력은 일반 능력, 메타인지 능력, 사회적 능력, 정의적 성향이다. '일반 능력'은 문제해결, 비판적 사고, 관련 정보탐색, 자세한 정보에 입각한 판단, 정보의 효율적 사용, 관찰수행, 조사, 새로운 것의 발명, 자료 분석, 자료 제시, 구두 및 문자 표현 능력이다. '메타인지 능력'은 자기반성, 자기평가 등이다. '사회적 능력'은 토론 및 대화를 이끌어나가고 설득, 협동, 집단 작업 등이다. 그리고 '정의적 성향'은 인내, 내적 동기, 독창성, 책임감, 자기 효능감, 독립, 유연성, 좌절적 상황에 대처하는 등을 의미한다.

둘째, 평가 패러다임의 변화는 실증주의 세계관에 대한 비판으로 발생한 포스트모더니즘(김복영, 1997)의 영향을 받았다. 실증주의는 사회를 관찰과 실험에 의하여 인식되고 검증되는 구조로 보았다(Guba & Lincoln, 1989). 이 과학적 패러다임은 자연적·물리적 세계와 사회적·문화적 세계가 서로 구별되지 않으며, 자연현상과 사회현상 모두 인과관계에 의해 설명될 수 있음을 전제로 하고 있다. 사회구성원으로서의 개인을 사회에 적응시키고, 사회의 일원으로 통합시킴으로써 사회가 요구하는 인력을 양성하고 공급한다는 교육의 기능을 강조한다(김병성, 1994). 따라서 개인의 능력 즉 성취 수준을 타당하고 믿을 만한 방법으로 객관적으로 공정하게 평가해야 한다는 전통적인 평가관이 형성되었다(김병성, 1994; 박현주, 1998; reference).

그러나 실증주의가 자연과학의 기계론적인 연역방식과 설명방식을 그대로 사회과학에 적용함으로써, 인간을 기계론적이고 수동적으로 만들어 인간의 능동적이고 주관적인 요소를 최소화하였다고 비판하는 새로운 관점의 시각이 나타났다. 즉 자연적 세계와 사회적 세계가 본질적으로 다르다는 것이다(Bryman, 1988; Buber, M. 1978; Campbell, 1988; Dilthey, 1969; Garfinkel, 1967; Husserl, 1962; Sherman & Webb, 1988). 이러한 해석적 패러다임은 인간의 상호작용 속에서 이루어지는 해석과 의미 부여에 관심을 두고 있다. 즉, 인간은 능동적인 존재이고 의미는 타협의 결과이며, 사회질서는 상호작용을 통해서 행위자들이 만들어 내는 것으로써, 사회생활을 하나의 과정으로 이해한다(이용숙과 김영천, 1998).

한편, 절대불변의 지식이 획득될 수 있다는 전통적인 가정은 과학을 포함한 모든 지식은 지식이 만들어지는 상황(context)으로부터 구성되며, 따라서 절대불변이 아닌 상대적인 개념으로 구성주의 패러다임에 의해 비판되었다. 이러한 관점에 의하면, 교수・학습은 실제 사회에서 상황화된 구성활동이며, 학습자가 지식을 능동적으로 구성한다는 것을 강조한다.

최근 과학교육계는 과학적 지식의 구성과정에 대한 시각이나 과학교육과정의 설계가 구성주의 이론을 바탕으로 전개되므로 평가의 원리나 방법도 과거 실증주의의 잔재를 탈피하고 구성주의 이론에 기초해야 한다는 주장이 대두되고 있다. 어떤 이론이 그 자신의 원리를 따르는 관점에 의해서만 평가될 수 있다면, 구성주의 학습의 효과여부도 구성주의 원리에 기초한 평가에 의해서만 평가되어야 할 것이다(Phillips, 1997; Popper, 1986). 구성주의자들은 과학적 지식은 상황에 따라 구성되기 때문에, 기존의 통제적, 제한적이며 획일화된 평가는 무의미하다고 주장한다. 각 문화는 자기 나름대로의 과학을 가지고 있고, 학생들 역시 나름대로의 과학을 가지고 과학수업에 임한다는 것이다. 즉, 문화와 유리된 상태가 아니라, 문화에 내재된 상태로 다양한 사회적 상황에서 과학교육을 생각해야 한다는 것이다. 따라서 상황(context)에 무관하게 일반화된 평가는 그러한 주장에 맞지 않을 뿐만 아니라 부당하기까지 하다. 수행평가는 구성주의 패러다임에 기초한 학생들의 학습과정에서 일어나는 모든 것들을 이해하고 해석하고자 하는 노력이다.

셋째, 구성주의(Constructivist theory), 인지심리학(Cognitive psychology), 동기심리학(Motivational psychology)의 이론적, 경험적인 배경에 기초한 학습관의 변화이다. 구성주

의는 자연과 지식의 본성에 대한 인식론이다. 즉, 학습자들이 능동적으로 알고 있는 개념을 재구성하고 새로운 정보를 이해하며 개인들의 지식을 구성한다는 것이다. 수행평가에 대한 구성주의적 관점의 가치는 두 가지로 정리된다. 첫째, 학습자를 학습의 중심으로 두고 있다(Driver, 1986; Roth, 1990). 교육을 수동적 형태보다는 능동적인 과정으로 인식한다. 둘째, 과학활동은 학습자들에게 과학의 유의미 학습을 능동적으로 수행할 수 있는 바탕을 제공한다(Dana, et al., 1991; Kulm & Stuessy, 1991). 교육은 학습자들의 지식구성과정과 학습을 효과적인 개념 변화로 연결할 수 있는 다양한 정보를 반드시 제공해야 한다.

인지심리학은 효율적인 학습 환경에 대한 논의(Resnik, 1989)에서 평가를 디자인하는 데 요구되는 중요한 학습 원리를 제공하고 있다. 즉, 학습자들은 능동적으로 활동에 참여하고, 사전 개념과 새로운 개념의 연관을 이해할 기회가 주어지면 과제를 수행하는 데 최선을 다한다(Glaser, 1984). 부분을 상호 연결하여 "완전한 이야기(whole story)"를 형성하고(Heath, 1982; Bransford & Stein, 1984), 자신의 이해에 대해서 다른 이들과 상호협력하며(Hibbard & Baron, 1990; Johnson & Johnson, 1985, 1990; Slavin, 1983; Vygotsky, 1978), 자신의 학습과정을 모니터할 때(Glaser & Pellegrino, 1987; Brwon, et al., 1983) 효과적인 학습 환경을 형성한다는 것이다. 또한 목적에 대한 인식이 명확하고, 자신들의 수행을 목표와 비교하고(Herman, Aschbacher, & Winers, 1992), 현실세계와 관련된 문제를 해결하는(Herman, Aschbacher, & Winers, 1992; Resnick & Klopfer, 1989) 것 등에 대한 경험의 기회를 제공함으로써 교육의 효율을 꾀한다. 즉 적합한 학습 환경에서 학습을 경험하면, 지식은 새로운 상황에 더욱 쉽게 전달될 수 있다(Larkin, 1989).

동기심리학은 학습 동기가 유발될 때 학습자가 최상의 학습효과를 이끌어 낼 수 있다고 주장한다. Baron(1991)에 의하면, 학습자들이 자신의 학습에서 무엇인가를 선택하고 제한할 수 있을 때; 주어진 영역 내에서 자신의 능력에 대해 자신감을 가지고, 과제를 수행할 수 있는 능력과 필요한 지식의 효과를 믿을 때; 자신들의 학습에 대한 공헌을 인식하고, 그것이 가치 있다는 것을 깨달을 때; 자신의 학습을 위한 책임을 가질 때; 동기유발적이고 유의미한 과제가 주어질 때; 참여할 수 있는 도전적이고 매력적인 과제를 할 수 있을 때; 특별한 목적 성취를 위해 자신들의 시간과 자원(resources)을 조절하는(manage) 것과 같은 자기조절 행동이 용납되는 과제를 시행할 때 최상의 학습효과를 발현한다. 위와 같이 인지심리학과 동기심리학은 수행평가의 개발을 위한 확실하고 견고한 이론적 기초를 제공한다.

결론적으로 수행평가는 효율적인 통합과학교육을 위해 많은 것들을 시사한다. 첫째, 인지과학자들, 동기유발적 과학자들과 과학교육학자들에게 학습자의 지식구성과 과정에 대하여 구체적인 정보를 준다. 둘째, 교사에게 어떻게 유의미한 과학교육, 개념변화를 가장 잘 촉진하는 수업활동을 운영(orchestrate)할 것인가를 알려준다. 셋째, 수행평가는 자연과 교과목표를 성취했는지에 대한 여부를 체크하고 모니터링할 수 있는 과학적 자료를 제공한다. 마지막으로 수행평가는 학습자에게 유연성 있고 다양한 표현의 기회를 제공함으로써 자신 있게 사고와 방법을 선택하게 하기 때문에 창의력 신장의 기회를 준다.

3. 수행평가의 특징

가. 평가 기능의 균형

과학교육에서 평가의 기능을 외적 기능과 내적 기능의 측면으로 나누어 살펴보면, 학습 외적 기능은 주로 평가의 결과를 정보로써 활용하는 것이며, 학습 내적 기능은 학생의 과학학습활동 자체를 이해하기 위한 것이다. 전자는 나름대로 정해진 가치기준에 따라 과학교육 시스템의 효율성을 파악하거나, 현행 과학교육의 개선 방향을 교육 정책적으로 계획하거나, 혹은 정치, 경제, 사회적 목적으로 활용하고 개혁하는 데 기초 자료로서 활용하는 성격을 갖는다. 학생 분류의 기능-선발과 배치- 역시 중요한 외적인 면의 하나이다. 후자는 학생들이 과학학습의 과정에서 어떤 생각을 하고 어떻게 개념을 구성해 가는가에 대한 이해를 도모한다. 이러한 평가의 내적 측면은 최근까지 외적 측면의 강조로 인하여 등한시하거나, 또는 외적 측면과 동일시하는 경향이었다. 수행평가는 평가의 학습 내적·외적 기능의 균형을 강조한다.

나. 평가와 학습의 일원화

기존 과학교육 평가는 과학의 교수·학습과 분리하여 학생 성취에 대한 정보를 얻는 방법으로 생각하는 경향이 지배적이었다. 그러나 수행평가는 과학의 교수·학습의 일부로, 과학 교수·학습과 구별되는 것이 아니다. 이것은 다음 두 가지의 기본 가정을 뒷받침한다. 첫째, 교수/학습 질은 교사가 다양한 평가 과정 및 방법을 통하여 명확하게 학생들을 이해할 때에만 가능하다. 둘째, 평가의 목표와 방법이 교수의 목표 및 방법과 동떨어질 때, 필연적으로 수업에 부정적인 영향을 미친다. 즉 수행평가는 효율적인 학습을 위한 평가와 학습의 일원화를 의미한다(Champagne, Lovitts, & Calinger, 1990; Wiggins, 1993; Wolf, Bixby, Glenn & Gardner, 1991).

다. 평가자의 다양화

Olson(1993)은 구성주의 교수·학습활동에서 주체자의 역할을 하고 있는 학생들의 과학학습을 평가할 때, 학생을 평가의 주체가 아닌 객체로서만 다루게 되는 현재의 평가방법에 대하여 문제제기를 한다. 학생의 과학학습에 대한 교사의 객관적 평가와는 별개로, 학생 자신이 과학학습의 목표를 어떻게 이해하고 있으며, 과학적 지식에 부과하는 의미는 어떠한가를 스스로 평가해야 함을 주장하고 있다. 수행평가는 학습 또는 평가에 대한 학생의 일방적인 수용의 형태에서, 교사와 학생 간, 학생과 부모 간, 학생과 학생 간, 그리고 학생과 대상(예를 들면, 수행과제) 간의 의사소통을 강조함으로써 학생들의 창의적이고 자기주도적인 학습과 평가를 강조한다.

라. 평가대상과 평가방법

수행평가는 다양한 주체, 그리고 여러 가지 방법을 활용하여 학생의 학습과정 및 능력에 대한 정보를 얻고, 이를 총체적으로 이해하고자 하는 것이다. 수행평가대상의 첫째는 학생들의 학습과정이다. 조각 지식의 합이 아니라, 전체적인 맥락 속에서 지식으로 구성되는 학습자 활동을 그 대상으로 한다. 학습과정의 평가를 위한 방법의 예는 면담법 및 관찰법, 혹은 체크리스트를 통하여 찬반토론, 프로젝트, 게임과 역할놀이, 실험과정 평가, 야외활동 등이 있다.

둘째, 학생 학습의 다양한 결과이다. 지식의 생산(production of knowledge)은 자기화된 진정한 표현(authentic expressions)과 기술의 연마에 기초하여 스스로 구성하여야 한다. 이것은 지식의 단순한 암기나 이해를 넘어선, 지식의 구성, 이해, 생성, 전달 등으로 나타난다. 학습 결과물에 대한 평가방법은 연구보고서, 일지, 작품, 지필 검사, 개념도, 그림 그리기, 실기평가 등이 있다. 또한, 학생의 학습과정과 결과를 지속적으로 평가할 수 있는 포트폴리오가 있다. 포트폴리오는 학습지, 실험노트, topic이나 project의 보고서, 실험・실습의 결과 보고서 등을 정리한 학생의 성장과 학습과정상의 자기반성을 포함하는 '증거 모음집'이다.

마. 평가시기

평가는 실시기간에 따라 연속적인(continuous) 평가와 비연속적(discrete) 평가로 나뉜다. 연속적인 평가는 교수・학습과 동시에 그리고 흔히 교수・학습에 통합되어 이루어진다. 평가가 연속이라는 것이 평가가 끊임없이 이루어지는 것을 의미하는 것이 아니라, 단지 제한된 시간에 집중적으로 이루어지는 구체적인 평가 이벤트가 없음을 의미한다. 연속적인 평가의 목적은 학생들에게 자신들의 수행정도를 알려줌으로써 학습활동을 통제하고 수정하도록 도와주며, 교사들에게 자신들의 수업을 수정하도록 하는 데 있다.

비연속적 평가는 학기의 중간 또는 말에 이루어진다. 여기에는 전통적인 중간고사, 기말고사, 졸업고사 등이 포함된다. 비연속적 평가는, 일반적으로 학생, 학부모, 교사에게 개인의 학습에 대한 이해를 돕기 위해 정보를 제공하기보다 학교 혹은 제도에 성취 결과에 대한 정보를 제공하는 데 그 무게를 두고 있다. 수행평가는 연속적인 평가와 비연속적인 평가의 상호보완의 중요성을 인식하고, 평가의 목적이나 상황에 부합되도록 다양한 평가 측정 방법에 따라 평가시기를 다양화한다.

바. 학습자의 다양한 반응에 대한 수용

Bodin(1993)은 평가가 정답 또는 정답률에만 중점을 둘 것이 아니라, 주어진 과제의 해결 절차는 물론 오답이나 무답의 경우에 대해서도 관심을 기울일 필요가 있다고 주장한다. 이것은 평가에 대한 양적 시각에서 질적인 시각으로 변화하는 것을 의미한다. 정답에 대한 강조는 정답을 찾는 데 관련된 방법, 기술, 절차에 대한 학생들의 숙달을 강조한 것이다. 대체적으로, 이러한 강조 때문에 학습의 다른 문제는 이차적인 것으로 여기게 된다. 정답에 대한 완전과 정확성을 강조한 결과로 검사와 시험조건 아래서 시행된 평가의 결과를 판단할 때, 중요한 요인은 속도, 보다 엄밀히 말해서 효율성이다. 어떤 학생이 일련의 평가 과제를 수행할 수 있는 능력은 있지만 주어진 시간 내에 해내지 못한다면, 그 학생은 능력이 부족한 것으로 판단된다. 이점은 실제와 많이 다를 수 있음이 널리 알려져 있다. 더욱이, 이러한 평가유형은 과학적으로는 능력이 있지만 과학적 활동을 수행하는 것이 느린 학생들을 좌절시킬 수 있다. 수행평가는 정답이나 오답뿐만 아니라, 학생들의 학습과정에서 표출되는 다양한 양상을 인정하고 의미를 부여한다.

4. 수행평가의 방법

수행평가의 방법은 관점에 따라 학자에 따라 다르게 구분된다. 예를 들면, 과정 중심과 결과중심으로 구분된다. 과정 중심 평가는 탐구의 수행과정을 평가자가 준비된 평가준거를 이용하여 관찰하여 평가하는 방법으로 실험실기평가, 관찰평가, 순환실험평가 등이 포함된다. 그리고 결과 중심 평가는 탐구의 결과가 얼마나 정확한지를 여러 가지 준거를 이용하여 평가하는 방법으로 실험보고서 평가, 포트폴리오 평가, 장기 과제형 평가 등이 포함된다. 또한 평가하는 방법에 따라, 관찰평가, 면담평가, 지필평가로 나뉘기도 한다.

D. Hart(1994)는 기존의 평가방법은 주로 검사(testing)를 염두에 두었으나, 수행평가에서는 시험은 단지 평가의 많은 형식 중의 하나이라고 주장하였다. 그리고 학생의 학습내용에 관한 정보 제공 방법에 따라 평가의 방법을 세 가지 범주로 나누었다. 즉 학습과정, 수행결과물, 시험이다.

수행평가의 방법을 Hart의 분류 준거에 따라 구분하여 살펴보자. 그러나 다음의 것으로 한정되는 것은 아니며, 교사나 관점에 따라 구분이 달라질 수 있다.

가. 수행과정의 평가

(1) 찬반토론법

사회적·개인적으로 서로 다른 의견을 제시할 수 있는 토론 주제를 가지고 토론하는 과정을 평가하는 방법이다. 서로 다른 의견을 제시할 수 있는 토론 주제를 제시하여 개인별 또는 집단별 찬반 토론을 하도록 한 다음, 찬반 토론을 위한 준비성이나 충실성, 토론 내용의 논리성, 반대의견을 존중하고 청취하는 태도와 상대방을 이해시키는 설득력, 토론 진행방법이나 지도력 등을 평가한다.

(2) 과제형(project) 평가

탐구과제를 제시하고 학생들이 이를 해결하도록 하는 평가방법이다. 종합적인 탐구능력의 평가에 적합하다.

(3) 게임과 역할놀이

과학적인 상황이나 장면을 게임이나 역할놀이를 통하여 연출해 보는 것으로, 공감대를 형성해 주어 과학적인 상상력과 창의력을 신장시킨다.

(4) 실험과정평가

실험·실습의 전 과정을 체크리스트나 평정척도를 이용하거나 또는 구체적으로 기술함으로써 평가한다. 일반적으로 실험시간에 학생들의 행동을 주기적으로 관찰하여 기록해 나가는 평가방법이 이용된다.

(5) 야외활동

야외 채집이나 견학활동을 통하여 동료 간의 협동심이나 과학적 호기심 탐구하는 자세 등을 평가한다.

나. 수행결과물의 평가

(1) 연구보고서

활동에 대한 자료를 수집, 분류, 조사 분석하고, 이를 종합하여 보고서를 작성한다. 이 연구보고서 평가를 통하여 관심 있는 분야의 정보를 수집하는 방법, 다양한 자료를 종합 분석하는 방법 등을 볼 수 있다.

(2) 실험보고서 평가

학생들이 개별적으로 또는 조별로 작성한 실험보고서를 미리 준비한 평가준거에 의해서 평가하는 방식이다.

(3) 일지(journals)

수업 중 생각나는 것을 자유롭게 쓰는 것과 같이 덜 구조화된 형태이다. 일반적인 결과물에서 얻을 수 없는 세밀한 자료까지 확보할 수 있다. 특히 반성적 사고력의 평가를 위해 탁월한 방법이다.

(4) 작 품

만들기, 공작, 도구 등의 수행 결과물로 나온 모든 것을 가리킨다.

(5) 포트폴리오 평가

미리 제시한 학습목표에 도달하였음을 스스로 증명하는 증거를 학생들이 작성하여 모아 놓은 것을 미리 준비한 준거에 의하여 주기적으로 평가하는 방법이다.

다. 시험

(1) 서술형 또는 논술형

학생들이 문제해결 과정과 답안을 모두 작성하는 방법으로 그 전까지의 지필 검사와는 다른 것. 논술형 검사는 한 주제에 대하여 개인의 생각을 창의적이고 논리적으로 기술하는 평가방법이다.

(2) 면담 평가

대화를 통해서 학생들이 성취에 대한 자료를 얻는 평가방법이다.

(3) 구두시험

학생으로 하여금 특정 교육 내용이나 주제에 대하여 자신의 의견이나 생각을 발표하도록 하는 방법이다.

(4) 개념도

어떠한 주제를 중심으로 단계적으로 사고를 펼쳐나가는 과정을 가지를 쳐가며 작성하는 것이다. 학생의 다양한 견해나 사고방식을 한 눈으로 볼 수가 있다. 이것은 시험의 형태로 제시되기도 하지만, 또한 수행의 과정을 평가할 수도 있고 작성된 개념도는 수행의 결과물이 되기도 한다.

(5) 묘사법

문장이나 언어로 쉽게 나타내기 어렵고 복잡한 상황을 그림으로 표현하게 하는 방식이다. 특히 묘사는 현상의 배후에 숨겨져 있는 구조에 대한 견해를 밖으로 이끌어내기 위한 유효한 수단으로 학생의 잠재능력 개발에 도움이 된다고 최근에 와서 주목받고 있는 수행평가의 한 방식이다.

(6) 실기평가

비교적 단순한 탐구기능 평가에 많이 사용된다. 학생 스스로가 행동으로 나타내거나 작품을 만들어 내는 기능을 측정하는 평가방식이다.

5. 포트폴리오

위에서 제시한 다양한 수행평가의 방법을 다 포함시킬 수 있는 종합적 평가의 형태인 포트폴리오(portfolios)를 보다 구체적으로 살펴보자.

가. 포트폴리오

포트폴리오는 아마 가장 일반적인 수행평가의 방법이다. 포트폴리오는 목적 지향적이고 통합적인 학생의 수행과제 과정 및 수행결과물으로 학생의 노력, 발전, 한 가지 혹은 몇 가지 영역에서의 학습성취정도를 나타낸다. 수행결과물은 기준에 따라 자료를 수집하고 학생의 자기반성과 학습내용 선택, 학습과정 판단하기 등의 활동에 참여한 증거를 보여준다(Paulson & Paulson, 1991). 이런 정의는 통합과학교육에서의 포트폴리오의 사용과 구성에 중요한 다섯 가지 요소를 지적한다.

첫째, 포트폴리오는 교사와 학생이 상호협동으로 구성된다. 학생들은 포트폴리오를 개발할 책임과 포트폴리오를 평가할 기준을 정하는 데 있어 교사와 공동책임을 진다. 학생들은 어느 것을 포트폴리오에 포함시킬 것인지, 어느 정도의 양, 포트폴리오의 용도, 내용평가에 사용할 기준을 정할 때 교사와 함께 한다.

둘째, 포트폴리오는 장기적이고 다차원적이다. 다양한 학생 작품뿐만 아니라 장시간동안의 활동기록도 포함한다. 포트폴리오는 학습에 사용된 다양한 접근방법을 증명해주며 참여한 학습의 다양성도 보여준다. 같은 방식으로 공부하거나 같은 속도로 공부하는 학생이 없듯이 같은 포트폴리오는 없다. 이러한 다양성은 지식이란 교사, 교과서, 혹은 교육평가원에서 개발한 문항을 통해서만 증명된다는 관점과는 정반대이다.

셋째, 포트폴리오는 학습의 결과뿐만 아니라 학습과정을 보여준다. 처음, 중간, 마지막 결과물을 통해서 교사와 학생은 어떻게 발전이 이루어졌는지를 알 수 있다. 포트폴리오는 학습을 시작과 끝의 시리즈, 혹은 성공과 역경의 연속으로 인식하며, 최종결과를 향한 유일한 일직선으로 보지 않는다.

넷째, 포트폴리오는 학생들에게 다양한 과점에서 탐색해 보는 경험을 제공한다. 이러한 관점의 다양성은 한 교실에 존재하는 다양한 학습양식을 나타낸다. 특정한 목적에 이르기 위해 한 가지 방법만이 아니라 다양한 방법이 존재한다는 것을 학생들이 경험할 수 있다는 것이다. 이런 학습양식과 기술의 다양성은 또한 교사에게 자신의 교수방법을 반성해 볼 기회를 주어서 학생들이 받을 수업의 질을 높이게 한다.

다섯째, 포트폴리오는 교사와 학생 모두에게 자기반성을 하게 한다. 학생들은 자신의 결과물을 평가하고 자신의 발전을 판가름해 볼 수 있으며, 스스로의 장점 및 단점을 알게 된다. 교사는 자신의 교수 및 지도, 프로젝트 선택, 대체적인 수업전략이 학생의 학습에 미친 효과를 알아볼 기회를 가지게 된다.

나. 포트폴리오의 목적

포트폴리오를 사용에는 3가지 기본 목적이 있다.

첫째, 포트폴리오가 학생의 과학학습 성장과 발전을 증명할 수 있어야 한다. 이것이 교실에서 포트폴리오를 사용하는 가장 큰 목적일 것이다. 본질적으로, 포트폴리오는 교육 프로그램에서 학생의 학습 및 발전 과정을 평가하는 수단이다.

둘째, 학생의 입장에서 주도적이며 자율적인 학습을 부추기고 발전시키려는 수단으로서의 목적이 있다. 학생들이 자율적으로 될수록 그들은 그 교육프로그램에 대한 주인의식을 더 갖게 된다. '평가'는 포트폴리오를 사용하는 목적 중의 하나이다. 그러나 포트폴리오를 사용하는 주요한 이유는 학생들에게 자신의 활동을 반성하게 하여 자신의 학습의 방향과 코스를 결정하게 하려는 것이다.

셋째, 교사에게 교수활동을 반성하게 하는 것이다. 포트폴리오는 각 학생의 학습과정 및 성장을 평가하는 데 이용되는 것뿐만 아니라 프로그램 전반을 평가하여 의사결정을 하는 데 도움을 주려는 것이다.

위 목적들 중 어느 것도 상호배타적이지 않다. 그러나 이들은 초점이 달라서 수집된 자료들이 조금씩 다르다. 예를 들면, 포트폴리오의 목적이 학생의 학습을 증명하는 것이라면, 과정들 속에서의 활동과 오랜 기간동안 완성된 활동의 예들이 필요하다. 완성된 자료들에 관하여 학생과 교사가 함께 참여한 것과 같은 것을 의미한다. 그러나 그 목적이 교과과정을 결정하는 것이라면, 선택된 증빙 자료들은 전체 프로그램을 반영하고 광범위한 내용과 교수 전략을 강조해야 할 것이다. 따라서 자료를 수집하는 데 가장 큰 영향을 주는 것은 교사일 것이다.

다. 포트폴리오의 유형

Valencia & Calfee(1991)은 일반적으로 사용되어 온 네 가지 유형의 포트폴리오를 다음과 같이 정의하였다.

(1) 진열장 포트폴리오 (Showcase Portfolios)

이것은 특정 학생의 제일 잘한 노력을 전시하는 예들로 구성된다. 먼저, 교사와 학생이 함께 포트폴리오에 포함시킬 항목을 고른다. 이 포트폴리오는 학부모, 교사, 다른 아동들에게 그 학생의 가장 잘한 작품을 보여주는 데 사용된다. 진열장 포트폴리오는 미술 학교를 다니는 미술 학도들이 만든 포트폴리오와 유사하다. 왜냐하면, 그들은 자신의 최고 능력을 보이기 위해 가장 잘된 작품을 선택하기 때문이다.

최고의 것만 선택하는 이런 방법의 포트폴리오는 두 가지 제한점을 갖는다. 첫째, 평가자가 학생의 발전 정도를 알 수가 없다. 왜냐하면 최종결과물, 그것도 그중 가장 잘한 것만 골랐기 때문이다. 중간단계들이 포트폴리오에 포함되지 않아서 평가자가 마지막 결과가 어떻게 만들어졌는지 혹은 학생이 어떤 학습과정에서 출발했는지를 알 수가 없다. 이것은 많은 학교에서 학생들에게 시키는 과학 프로젝트와 유사하다. 마지막 프로젝트가 최종결과들의 컴퓨터를 이용한 그래프와 표로 보여지고 그 결론이 산뜻하게 제시된다. 불행히도, 그런 최종 산물에서는 학생이 얼마나 학습했는지, 얼마나 실행했는지, 얼마나 분투했는지가 나타나지 않는다.

둘째, 선택된 포트폴리오를 평가하는 준거를 설정하는 일이다. 예를 들면, 과학 프로젝트가 국가 간 혹은 지역 간 경쟁에 이를 때까지 전시된 모든 프로젝트들은 아주 질이 높다. 그중 최고를 평가하는 기준을 세우기란 매우 어렵다. 이것이 진열 포트폴리오의 문제점이다. 교사는 학생의 최선의 노력들 중에서도 가장 잘한 것을 보기 때문에 평가가 어렵다.

(2) 증거 서류 포트폴리오(Documentation Portfolio)

이것은 단순하게 최종결과보다는 전체 학습과정을 서류로 모은다. 이 방법은 초안에서

부터 결과물에 이르기까지의 정보를 체계적으로 수집한다. 이 유형에서는 학생보다 교사가 더 많이 넣는 경향이 있지만, 증거를 선택하는 과정에서부터 학생이 제외되지는 않는다. 이 유형은 학부모와 학생들에게 학생의 진행과정을 보여주는 데 활용된다. 학생의 교육받는 동안 진로결정을 하는 데 이용될 수도 있다.

이 유형은 완료된 산물뿐만 아니라 과정들 속에서의 활동들도 포함하기 때문에 수집할 자료가 광범위하다. 이 방법의 한계점은 그 정보를 어떻게 해석할까 하는 부수적인 문제와 함께 포함된 자료가 적다는 것이다. 두 번째 한계점은 교사들의 작업이 너무 많다는 점이다. 이런 상황에서 교사들이 정보를 수집하는 데 체계적일 수 없다. 따라서 포트폴리오는 시간이 흐름에 따른 학생의 발전과정을 잘 보여주기에 적합한 중간 과정의 자료를 가질 수 없게 된다.

(3) 평가 포트폴리오 (Evaluation Portfolios)

이것은 전통적인 평가에 가장 가깝다. 포함되는 자료들은 모든 학생들이 완수하도록 미리 정해진 과제의 결과이다. 학생들은 같은 평가를 받아야 할 뿐만 아니라 예정된 기준에 따라 판단되어진다. 예를 들면, 과학에서, '물의 오염'에 대하여 한 해 동안 서로 다른 과목에서 각기 다른 시간에 평가받을 수 있다. 각 학생의 시험지는 이 포트폴리오에 포함된다. 평가 포트폴리오는 교사가 미리 정해놓은 과제와 활동에 의해 주도된다. 학생들이 도달해야 할 기준이 교사와 학생들에 의해서 정해지는 것이 아니라 학교나 교육청, 교육부 등에 의해서 정해질 때가 많다.

평가 포트폴리오는 다음과 같은 한계점을 가지고 있다. 첫째, 신뢰성의 부족이다. 학생의 학습을 그 학생의 작품을 통해서 증명하는 것에 비하여 학습과 평가를 분리시킨다. 둘째, 평가 포트폴리오는 학생에 의해서 삽입하도록 선택된 항목들을 포함시키지 않기 때문에 결국, 학생은 포트폴리오와 그 내용에 대한 주인의식이 없다.

(4) 과정 포트폴리오(Process Portfolios)

이것은 큰 프로젝트의 일부인 활동을 파일화하는 데 쓰인다. 그 목적은 학생이 학교생활 중에 참여한 여러 프로젝트를 통해서 한 학습활동 과정을 증명하려는 것이다. 과정 포트폴리오는 선택된 활동의 예들이 항상 더 큰 최종 프로젝트의 일부인 증명 포트폴리오(demonstration portfolio)와는 다르다. 과학 프로젝트의 비유를 다시 들면, 과정 포트폴리오는 프로젝트와 학생이 어떻게 그 프로젝트를 결정했는지에 관한 증거자료, 가설설정과 그 가설을 검증하기 위해 사용한 절차, 최종 프로젝트의 조직화를 위한 디자인에만 관심을 둔다. 이 과정 포트폴리오에서 학생은 포트포리오에 포함될 자료를 선택하고 그에 관한 상당한 양의 자기반성을 한다. 과정 포트폴리오는 교사에게 학생의 발전을 계속적으로가 아니라 간격을 두고 평가하게 함으로써, 학생들의 요구(부족한 점)에 맞게 개별화지도를 할 수 있게 한다.

이 방법의 가장 큰 한계점은 2가지로 귀착된다. 첫째, 기준을 세우기가 어렵다는 것이다. 포함된 항목들이 특정한 최종 프로젝트에 연계되기 때문에 기준세우기의 어려움은 중간단계의 결과물 평가의 어려움과 직결된다. 둘째, 포트폴리오에 포함된 항목들이 학생들에 의해서 선택된다는 점이다. 그러므로 다른 관점이 포함될 기회가 없다.

가장 효과적일 때는 포트폴리오가 학생의 학교 진학기간동안 연속적으로 발전하는 과정에 관한 계속적인 평가일 때이다. 즉 주제에 따른, 프로젝트에 따른 혹은 해가 바뀜에 따른 학생의 성장기록이다. 학생의 교육을 받는 동안의 누가기록이 될 때 그것은 최고의 가치를 가진다.

라. 포트폴리오의 구성

포트폴리오의 목적 중 하나가 일정기간 동안의 성장을 보여주는 것이기 때문에 포트폴리오는 장시간에 걸쳐 개발되어야 하고 한 가지 주제만 보여줄 것이 아니라 광범위한 주제를 다루어야 한다. 가장 좋은 포트폴리오는 장기간 동안의 발전을 나타내 줄 뿐만 아니라 다양한 유형의 활동을 포함할 수 있어야 한다. 학습과정 및 결과의 증거로 포트폴리오에 포함될 자료는 학생 또는 교사의 독창력이 요구된다. 다음의 것으로 한정되는 것은 아니지만, 포트폴리오로 나타낼 수 있는 자료의 예는 다음과 같다.

(1) 관찰물: 체계적인 관찰

프로젝트활동을 할 때뿐만 아니라 그룹 토론과 문제해결활동을 할 때 교사는 학생들의 성취도를 기록할 수 있는 체크리스트와 평정척도를 사용하여 관찰을 해야 한다. 관찰의 정확성을 보증하기 위해서 교사들은 학생이 활동하는 동안 관찰하여 기록해야 한다. 학생들이 교사 행동에 따라 그들의 행동을 바꾸지 않도록, 교사는 가능한 한 조심해서 관찰을 해야 한다. 책상으로 가서 서류를 가지고 노트하기 시작하는 것은 학생들에게 자신이 관찰되고 있다는 것을 알려주는 것이다. 그런 경우, 학생의 활동을 정확하게 반영할 수가 없다. 신중하게 하면서도 또 교사는 여러 번의 관찰을 통해 평가해야 한다. 여러 가지 상황과 오랜 시간에 걸쳐 관찰을 하게 되면, 교실에서의 학생 행동 및 학습에 대한 가장 폭넓은 그림을 갖게 해 줄 것이다. 체크리스트는 관찰이 체계적으로 이루어지게 하는 좋은 방법이다.

체크리스트의 사용은 평가받는 학생의 학년 수준에 따라 부분적으로 결정된다. 유치원과 초등학교 교사들은 중등 교사들보다 자주 이것을 사용할 것이다. 유치원 수준에서 체크리스트는 특히 중요하다. 유치원생들은 아직 지필이나 그림으로 생각을 잘 표현할 수 없기 때문에 교사는 아동이 특정한 활동유형이나 조사에 어떻게 반응하는지를 정리할 방법을 원한다. 체크리스트는 교사의 관찰에 의존하지만 같은 항목들이 일정기간에 걸쳐 관찰될 수 있도록 표준화되기 때문에 특정영역에서의 학생의 진척상황을 증명해 줄 수 있다. 체크리스트를 사용할 때 교사는 그 상황을 가장 잘 표현할 수 있는 항목들의 리스트를 만들어 그 항목에 다라 학생의 진행과정을 체계적으로 관찰한다.

(2) 일화기록

교사는 전체적인 학급을 생각하기보다 특정한 아이들에만 집중하여 기록한다. 일화기록을 할 때 교사가 관찰결과로부터 추론하기보다는 스스로의 관찰을 그대로 기록하는 것이 중요하다. 관찰과 추론과의 차이는 중요한 것이다. 관찰은 특정 시간동안 아동의 행동에 관한 기술이다. 추론은 그 행동에 대한 해석이며 때론 그 행동이 갖는 의미에 대한 가정이 되기도 한다.

(3) 컴퓨터 인쇄물

교실에서 컴퓨터를 사용할 수 있는 학생들에게는 활동의 예와 발전 모습의 예들을 컴퓨터 프린트 물로 만들어 포트폴리오에 넣을 수 있다.

(4) 비디오 테이프과 오디오 테이프

어떤 종류의 프로젝트(연극, 뮤지컬, 그 밖의 시각적 발표와 같은 수행이 포함되는)는 그 활동 자체가 정지된 결과물의 상태로 제시될 수 없다. 그런 활동들이 들어있을 때는 오디오나 비디오 녹화의 사용이 결과물과 과정을 모두 보여줄 수 있는 방법이다. 연극은 배우 선정에서부터 연습과정을 거쳐 최종결과까지를 시각적으로 녹화할 수 있다.

(5) 사 진

대부분의 통합과학교육활동은 그룹활동을 포함한다. 활동 중인 학생들의 사진은 그룹활동을 나타내며, 그룹에서의 각 학생의 활동을 보여주는 데 효과적이다. 더구나 사진은 포트폴리오에 포함시키기에는 너무 큰 야외활동의 기록과 최종 산물에 대한 기록을 제공할 수 있다.

(6) 모 형

찰흙으로 만든 화산 모형을 포트폴리오에 포함시킬 수 있다.

Ⅸ. 통합과학교육자료의 개발

Ⅸ. 통합과학교육자료의 개발

통학과학교육자료의 개발을 위해 다음과 같은 절차를 제안한다. 〈그림 Ⅸ-1〉은 통합과학교육자료개발을 위한 일반적인 절차이다.

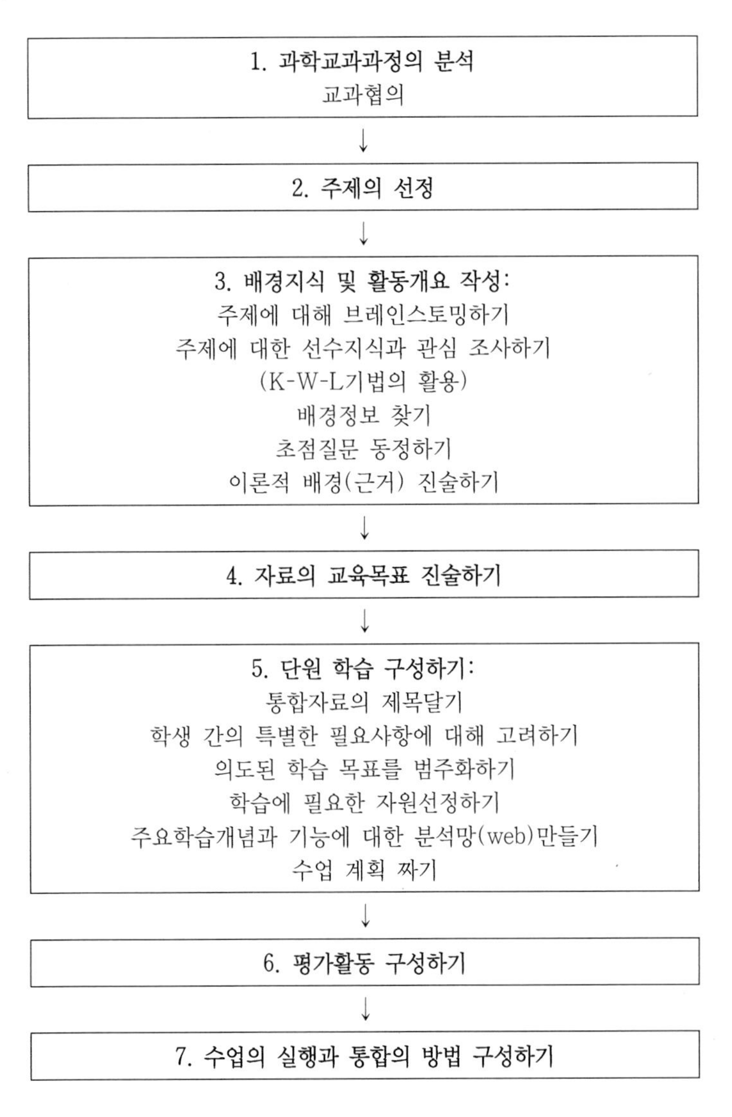

〈그림 Ⅸ-1〉 통합과학교육자료의 개발 절차

1. 과학교육과정 분석

통합과학교육자료를 개발하기 위해서 가장 처음으로 해야 할 일은 과학교육과정의 분석이다. 우리나라는 교육인적자원부에서 제시하는 국가공통교육과정을 채택하고 있으며, 여기에는 과학과의 성격부터 교육목표뿐만 아니라 학년별 교육내용에 이르기까지 체계적이고 상세하게 제시되어 있다. 또한 제7차 교육과정부터는 1학년에서 10학년에 이르는 국민공통기본교육과정을 채택하고, 이를 따르도록 하고 있으며, 특히 학년 간 내용의 연계를 꾀하고 있다. 분야는 에너지 물질, 생명, 지구로 진술되어 있으나 여전히 물리, 화학, 생물, 지구과학 영역이며 과학내용 간 통합은 찾아보기 어렵다. 따라서 앞서 여러 장에서 진술했던 바와 같이 과학적 소양의 함양과 지식기반사회를 대비하는 차원에서 개념중심, 기능중심, 논제중심, 프로젝트 중심, 사례 중심 등의 방법을 통한 과학의 영역 간 통합이 필요하다. 이를 위해 과학교육과정을 분석해 볼 필요가 있으며, 이를 위한 간단한 방법은 과학교육과정 책자에 제시되어 있는 내용 체계표를 활용하는 것이다. 그러나 좀 더 심도 있는 비교를 원한다면, 내용 체계표에 제시된 내용이 교과서에 어떻게 구현되어있는 지를 분석하고 이를 좀 더 자세히 비교하는 것도 한 방법이다.

· 교과협의회

대체로 같은 학교에서는 학년 간에 어느 정도 통일된 교과과정을 운영하는 것이 교육과정과 평가의 운영 면에서 효율적일 수 있다. 이런 면을 고려한다면 같은 학년 과학과 교사 간(초등의 경우는 동 학년 교사 간)에 이루어지는 과학교과 협의회는 경험 있는 교사의 조언과 신참교사의 의욕과 다양한 정보 등을 융합하여 보다 실질적이고 바람직한 통합과학교육자료를 만드는 데 기여할 수 있을 것이다.

뿐만 아니라 전체 교사협의회에서는 학년 간 교육과정의 운영에 있어서 융통성을 발휘할 수 있다.

교과협의회에서는 교육과정의 분석과 주제의 선정, 자료의 개발 등 자료개발의 전 과정을 함께 할 수 있으나 이러한 협의 과정은 사실상 시간소모가 많이 요구되므로 협의회장을 중심으로 진행하는 것이 좋으며, 협의회장의 업무가 상대적으로 많아지게 되므로 가급적 번갈아 회장직을 맡아 일하도록 하는 방법을 제안한다.

〈표 Ⅸ-1〉 7차 교육과정 과학교과 내용 체계표

분야 \ 학년			3	4	5	6	7	8	9	10	
지식	에너지		· 자석놀이 · 소리내기 · 그림자놀이 · 온도재기	· 수평잡기 · 용수철 늘이기 · 열의 이동 · 전구에 불 켜기	· 물체의 속력 · 거울과 렌즈 · 전기회로 꾸미기 · 에너지	· 물 속에서의 무게와 압력 · 편리한 도구 · 전자석	· 빛 · 힘 · 파동	· 여러 가지 운동 · 전기	· 일과 에너지 · 전류의 작용	· 에너지	
	물질		· 주변의 물질 알아보기 · 여러 가지 고체의 성질 알아보기 · 물에 가루 물질 녹이기 · 고체혼합물 분리하기	· 여러 가지 액체의 성질 알아보기 · 혼합물 분리하기 · 열에 의한 부피변화 · 모습을 바꾸는 물	· 용액 만들기 · 결정 만들기 · 용액의 성질 알아보기 · 용액의 변화	· 기체의 성질 · 여러 가지 기체 · 촛불 관찰	· 물체의 세 가지 상태 · 분자의 운동 · 상태변화와 에너지	· 물질의 특성 · 혼합물의 분리	· 물질의 구성 · 물질변화에서의 규칙성	· 물질	· 탐구
	생명		· 초파리의 한살이 · 어항에 생물 기르기 · 여러 가지 일 조사하기 · 식물의 줄기 관찰하기	· 강낭콩 기르기 · 식물의 뿌리 · 여러 가지 동물의 생김새 · 동물의 생활 관찰하기	· 꽃과 열매 · 식물의 잎이 하는 일 · 작은 생물 관찰하기 · 환경과 생물	· 우리 몸의 생김새 · 주변의 생물 · 쾌적한 환경	· 생물의 구성 · 소화와 순환 · 호흡과 배설	· 식물의 구조와 기능 · 자극과 반응	· 생기와 발생 · 유전과 진화	· 생명	환경
	지구		· 여러 가지 돌과 흙 · 운반되는 흙 · 둥근 지구, 둥근달 · 밝은 날, 흐린 날	· 별자리 찾기 · 강과 바다 · 지층을 찾아서 · 화석을 찾아서	· 날씨변화 · 물의 여행 · 화산과 암석 · 태양의 가족	· 계절의 변화 · 일기예보 · 흔들리는 땅	· 지구의 구조 · 지각의 물질 · 해수의 성분과 운동	· 지구와 별 · 지구의 역사와 지각 변동	· 물의순환과 날씨 변화 · 태양계의 운동	· 지구	
탐구	탐구과정	관찰, 분류, 측정, 예상, 추리 등	○○○			○○○		○○○			
		문제인식, 가설설정, 변인통제, 자료변환, 자료해석, 결론도출, 일반화 등	○			○○		○○○			
	탐구활동	토의, 실험, 조사, 견학, 과제연구 등	○○○			○○○		○○○			

· ○: 학습활동 시 활용 빈도

2. 주제의 선정

통합과학교육자료를 개발하는 데 적절한 주제의 선정을 위해서 다음과 같은 세 가지 기준을 활용해 보는 것이 좋다.

첫째, 의미성

가르치고자 하는 과학교육목표에 비추어 사소한 것은 아닌지, 학생들의 과학적 소양을 키워 주는 데 적합한지에 대해 고려해야 한다. 개발할 자료는 과학지식의 본성을 다루어야 하며, 과학의 결과 중 하나로서 개별 과학지식을 다루는 것은 적합지 않다. 얼마나 많은 과학 개념을 다룰 것인가보다는 과학에 있어서 얼마나 중요한 개념을 깊이 있게 다룰 것인가에 의미를 두어야 한다.

둘째, 일관성

학생들에게 과학의 전형적인 체험활동과 사고활동을 하도록 하고, 과학적 가치에 대해 숙고하도록 하며, 과학적 탐구의 본성이 일관성 있게 녹여져 있는 자료를 개발하여야 한다. 즉, 암기가 아니라 지적 탐구에 초점을 맞추어야 하며, 비판적 사고나 창의적 사고활동을 강조하여야 한다. 또한 개념의 이해와 적용, 과학지식을 학생들의 세계 속으로 가져가는 활동을 하도록 개발하여야 한다.

셋째, 관련성

자료의 내용은 개인의 사고경향뿐만 아니라 행동, 사회적 상호작용, 직업선택에 이르기까지 영향을 주게 된다. 따라서 삶의 질에 영향을 미치는 과학, 의사결정에 영향을 주는 과학, 인간적인 과학이라는 모습을 그려내도록 하는 데 강조점을 두도록 한다.

3. 배경지식 및 활동개요의 작성

주제의 성격과 학습활동의 필요성 및 목적, 활동 구성 내용 및 특징, 활동별 교수·학습방법유형, 교육과정과의 관련 및 대상학년, 학습에 필요한 시간, 활동에 필요한 개념 등을 기술한다.

관련된 배경지식을 찾는 방법으로는 브레인스토밍, K-W-L 기법 등이 사용되며, 활동개요에는 관련된 이론적 배경을 진술 등이 포함된다.

4. 자료의 목표 진술하기

과정의 목표를 학생의 인지적, 정의적, 신체적 능력 등으로 행동목표로 작성한다.

5. 단원학습구성하기

모듈의 주제보다 하위의 범주로 3~4개의 활동 등으로 구성된다. 여기에는 준비물, 활동방법 등이 제시된다.

단원 학습을 구성에는 통합자료의 제목을 달고, 각 모듈의 활동을 위해 요구되는 학생 간의 특별한 필요사항을 고려하고, 학습에 필요한 자원을 선정하며, 수업계획을 짜서 모듈화 시키도록 한다.

6. 평가활동 구성하기

주제에 대한 학습이 모두 끝났을 때 전체 모듈에 대한 교수·학습활동을 총괄 평가할 수 있는 질문이나 문제, 과제 등을 다양한 방법으로 제시한다.

7. 수업실행과 통합의 방법 기술하기

수업을 실행하고 다른 교사의 수월한 수업 진행을 위한 모듈의 통합방법에 대해 자세한 기술을 한다.

X. 통합과학교육자료의 실제

X. 통합과학교육자료의 실제

통합과학교육의 실제는 두 가지 부분으로 구성된다. 첫째, 앞서 언급한 여섯 가지 통합의 유형 중에서 개념 중심, 기능 중심, 내용과 기능 중심, 사례 중심단원의 예로 들겠다. 각 단원들은 모듈 형태로 개발되며, 각각, 주제명, 배경지식 및 활동개요, 목표, 단원학습, 통합의 방법 순으로 제시하였다. 둘째는 우리나라 교육과정에 포함된 과학교과의 개념을 선택하여 통합의 형태로 재구성하여 예시를 제공하였다.

1. 통합유형에 따른 통합

가. 개념 중심단원

1) 주제명

센서의 이해

2) 배경지식 및 활동개요

▶ 대상 학년: 중학교 2학년

▶ 관련 교과과정: 8학년 '자극과 반응'

▶ 필요 시간: 4차시

신문의 전자제품 광고에서도 센서라는 말을 자주 볼 수 있다. 센서라는 말은 이제 우리에게 전혀 낯선 말이 아니다. 하지만 센서가 무엇인지 딱 부러지게 말하기는 어려울 것이다. 대부분의 전자제품에는 센서가 눈에 보이지 않는 곳에 붙어있기 때문이다.

센서는 간단히 말해 '사람의 감각을 대신하는 것'이라고 말할 수 있다. 빛이나 소리, 온도, 압력과 같은 외부의 정보를 받아들이는 장치라는 뜻이다.

이 단원에서는 먼저 센서가 무엇인지 알아보고 우리 주변에서 센서가 어떤 역할을 하는지 살펴본다. 다음으로는 생물이 가진 센서, 즉 감각 기관 중 특이한 경우를 몇 가지 살펴볼 것이다. 기계 장치의 센서와 동식물의 감각기관이 근본적으로 같은 것이기 때문이다. 마지막으로 실제 센서가 활용되는 예로서 TV 리모콘의 특징을 실험을 통해 정리한다.

3) 목 표

· 센서의 종류와 그 특성을 말할 수 있다.

· 인간의 오감에 대응되는 센서를 말할 수 있다.

· 생활 주변에서 센서가 이용되는 예를 찾아보고, 센서를 사용하여 자동적으로 조절되는 기기의 종류와 그 특성을 이해한다.

4) 단원학습

'활동 1 센서란 무엇인가?', '활동 2 생물이 가진 센서', '활동 3 리모콘의 원리'로 이루어진다.

활동 1 • 센서란 무엇일까?

활동 안내

센서는 미래를 지배할 새로운 기술의 하나로 주목되고 있다. 주변의 상황을 감지하는 센서는 모든 자동화 과정에서 빠뜨릴 수 없는 기술의 하나이다.

센서는 외부의 자극을 감지하는 인간의 5각(시각, 청각, 미각, 후각, 촉각)에 해당하는 것인데 기기와 연결되어 사용되면 자동화에 필요한 여러 가지 기능을 수행할 수 있게 된다. 즉 색을 식별하는 센서나, 온도 센서, 습도 센서, 가스 센서, 압력 센서, 자기 센서, 광 센서 등 매우 많은 종류의 센서들이 우리 생활에 사용되고 있으며 이들의 활용 범위가 지속적으로 확대되고 있다. 이 활동을 통하여 이미 개발된 센서의 특징과 합리적인 이용 방법에 대하여 생각해본다.

활동 목표

○ 센서의 종류와 그 특성을 말할 수 있다.
○ 인간의 오감에 대응되는 센서를 말할 수 있다.
○ 생활 주변에서 센서가 이용되는 예를 찾아보고, 센서를 사용하여 자동적으로 조절되는 기기의 종류와 그 특성을 이해한다.

준 비 물

○ 영어 사전

활동 전개

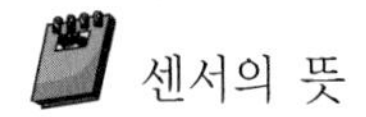

1) 센서는 영어의 sensor에서 온 것이다. 영어 사전에서 다음 단어를 찾아 그 뜻을 알아보자.

- sensor : ______________________________
- sense : ______________________________

2) 다음은 백과사전에서 설명하는 센서에 대한 글이다.

> 온도・압력・습도 등 여러 종류의 물리량을 검지・검출하거나 판별・계측하는 기능을 갖춘 소자. 사람의 눈・코・귀・혀 등과 같은 역할을 하며, 감지한 정보를 인간의 두뇌에 해당하는 정보처리부에 전달, 판단을 내리게 한다. 즉 인간의 오감에 해당되는 것이 감지기이고 컴퓨터는 뇌에 해당된다. 대상이 되는 물리량은 앞에서 언급한 것 외에 자기・변위(變位: 위치의 변화)・진동・가속도・회전수・유량・유속・액체성분・가스성분・가시광선・적외선・초음파・마이크로파・자외선・방사선・엑스선 등 20여 종에 이르며 각각 쓰이는 재료도 다양하다. 에너지절약・자원절약・공해방지, 생산부문의 고효율화・정밀화, 주택・사무실의 각종 기기의 고성능화, 교통통제의 고도화, 재해방지 시스템의 효율화 등 사회 각 부문의 요구를 충족시키기 위해서는 정보처리 시스템과, 그 정보를 얻기 위한 각종 기기가 필요한데, 그 중심이 되는 것이 감지기이다. 출력신호로는 전기신호가 많이 쓰이는데, 그것은 ____________ 때문이다.

밑줄 친 부분에 들어갈 말은 무엇인지 생각해내어 적는다.

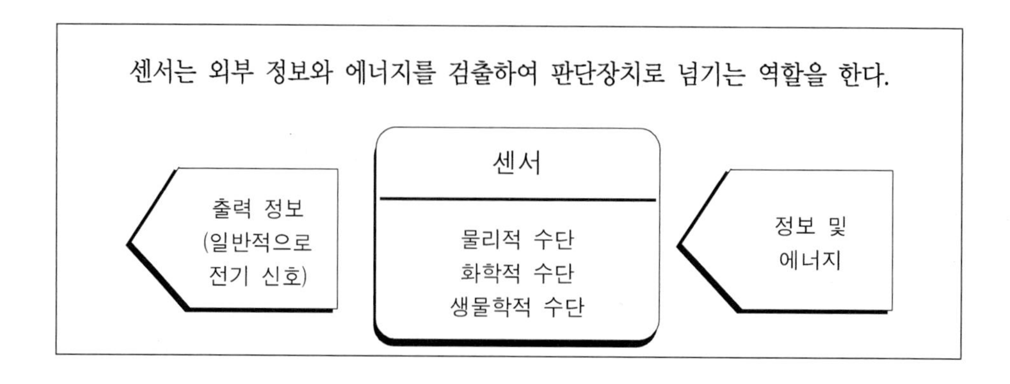

 인간의 오감과 센서

다음은 1823년 프랑스의 풍자화가 루이-레오폴드 부알리가 인간의 다섯 가지 감각을 묘사한 그림이다.

1) 다섯 가지 감각과 비슷한 역할을 하는 센서가 장치된 기구를 우리 주위에서 찾아보자.

① 눈(시각) -
② 귀(청각) -
③ 혀(미각) -
④ 코(후각) -
⑤ 피부(촉각) -
(온도) -

2) 가전제품에 사용되는 센서를 찾아 ○ 표시를 하여 표를 완성시킨다.

가전제품	온도	습도	가스	빛	자기	압력	액체 높이
에어콘							
제습기							
가습기							
석유난로							
전기온풍기							
전기모포							
가스온풍기							
세탁기							
다리미							
헤어드라이어							
냉장고							
전자레인지							
레코드플레이어							
VTR							
리모콘 TV							
비디오 플레이어							

3) 다음은 화성 탐사선 패스파인더호의 활약에 관한 신문기사이다.

> NASA는 패스파인더의 이동탐사선 소저너가 1주일만 제대로 기능을 발휘하면 대성공이라고 말할 정도였다. 패스파인더는 현재 과학자들이 놀랄 만큼 암석, 날씨, 입체영상 등의 데이터를 꾸준히 지구에 보내오고 있다.
>
> 소저너는 쉴 새 없이 모선의 주의를 돌아다니며 임무를 수행중이다. 소저너는 흥미를 끌만한 암석을 찾으면 양자X선 분석에 들어간다. 그 결과 화성이 암석 성분이 일정해 동일한 물질로 이루어졌음이 드러났다. 구조는 흙가루와 크기가 1~2cm보다 작은 바위들이 뭉친 암석으로 나타났다. 화성의 흙가루는 오랜 시간에 걸쳐 형성된 것으로 암석을 두껍게 덮고 있었다. 암석에는 장석, 석영, 황산철, 인산칼슘 등이 포함돼 있어 지구의 용암과 비슷한 성분을 하고 있으나 아직 화성의 암석이 열에 의해 생긴 것인지, 침전에 의해 형성된 것인지 단언하기는 어렵다고 과학자들은 말한다.
>
> 패스파인더의 또 하나의 업적은 거의 매일 화성의 기상자료를 보내온다는 점이다. 구름, 일출·일몰시간, 풍향, 풍속, 기온, 기압 등을 2~3일 간격으로 측정하고 있다. 재미있는 것은 NASA가 이런 기상정보를 근거로 다음 솔(Sol. 화성의 1일 명칭. 화성의 하루는 24시간 37분)의 기상을 예보까지 한다는 점이다. 아직은 초보단계로 최고·최저기온을 예보하고 있다. 화성 기상자료의 축적은 2005~2011년에 있을 예정인 인간의 화성 착륙을 앞두고 중요한 정보가 될 전망이다.
>
> 패스파인더는 전지 등의 수명이 다하는 날까지 작동하다가 화성표면에 버려지게 된다.

소저너가 필요한 센서로는 어떤 것이 있을지 적어보자.

활동 2 • 생물이 가진 센서

활동 안내

미모사라는 풀은 살짝만 건드려도 잎이 오므라들고 아래로 늘어진다. 접촉 센서를 가지고 있다는 뜻이다. 또 박쥐는 사람이 듣지 못하는 소리를 듣고 비둘기는 지구의 자기장을 감지한다. 생물이 가진 센서로는 어떤 것들이 있는지 알아보자.

활동 목표

○ 센서는 생물의 감각기관과 유사한 역할을 한다는 것을 안다.

○ 동물들의 다양한 감각기관을 안다.

○ 동물의 감각기관을 본 딴 센서를 말할 수 있다.

준 비 물

○ 톡톡 튀는 머리

활동 전개

1) 다음은 어떤 과학자가 박쥐의 생태에 대해 연구한 내용이다.

> 박쥐는 아무 것도 볼 수 없는 어두운 동굴 속에서도 자유롭게 날아다니며 먹이를 잡는다. 그는 먼저 "그 이유가 무엇일까?" 하고 생각한 결과, 빛 대신 소리로 사물을 감지할 것이라고 가정하였다. 그래서 그는 박쥐의 귀에 마개를 하거나 눈이나 입에 덮개를 씌워 그물이 쳐진 방에 날려 보았다. 그 결과, 귀나 입을 가린 박쥐는 그물에 걸렸으나 눈을 가린 박쥐는 그물에 걸리지 않는다는 것을 알았다.

위의 실험 결과로 내릴 수 있는 결론은 무엇일까?

2) 다음은 박쥐의 감각기관에 대하여 설명한 글이다.

> 박쥐는 콧구멍 주위에 비엽이라고 하는, 일종의 얇은 주름이 있어 일정한 방향으로 초음파를 발사하여 곤충을 찾는다. 또한 귓바퀴와 귓불은 보통 이상으로 크다. 박쥐는 보통 사람이 들을 수 없는 20～130㎑의 초음파를 내고 그 반사음을 이용하며 장애물을 피하거나 먹이를 찾는다.

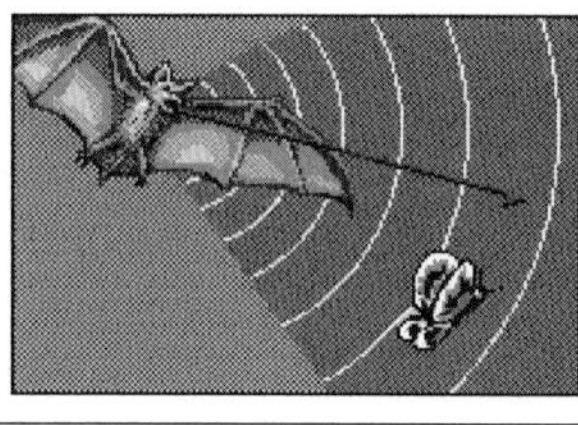

① '20～130㎑의 초음파'가 뜻하는 말이 무엇인지 알아본다.

② 박쥐처럼 초음파를 이용하여 물체를 알아내는 장치는 무엇인지 조사한다.

3) 다음은 몸 안에 자석을 가지고 있는 동물에 대한 글이다.

> 먼 거리를 이동하는 철새들은 어떻게 길을 찾아갈까? 대개 남북으로 이동하기 때문에 지구자기를 감지하여 방향을 찾는 것이 아닐까 하고들 생각했는데, 실제로 그렇다는 것이 밝혀졌다.

> 비둘기는 집을 잘 찾기로 유명한 새라서 예로부터 전서구(傳書鳩)라 하여 서신을 전달하는 데 사용되었다. 이 비둘기의 머리에 작은 자석이 들어있다는 사실이 1979년 미국에서 확인되었다. 뇌와 머리뼈 사이의 가로, 세로가 각각 1밀리미터, 2밀리미터인 조직 안에서 길 다란 자석을 발견한 것이다.

자석으로 방향을 찾는 법에 대하여 이야기해 보자.

4) 방울뱀은 머리 양쪽의 콧구멍과 눈 사이에 있는 2개의 작은 오목 점에 열을 감지하는 세포를 가지고 있다. 이 세포를 이용하여 깜깜한 밤에도 먹이의 위치뿐만 아니라 크기와 모양도 알 수 있다.

방울뱀의 이러한 능력을 본뜬 센서에는 어떤 것이 있는지 찾아본다.

더 알아보기: 사람은 빛을 어떻게 감지할까?

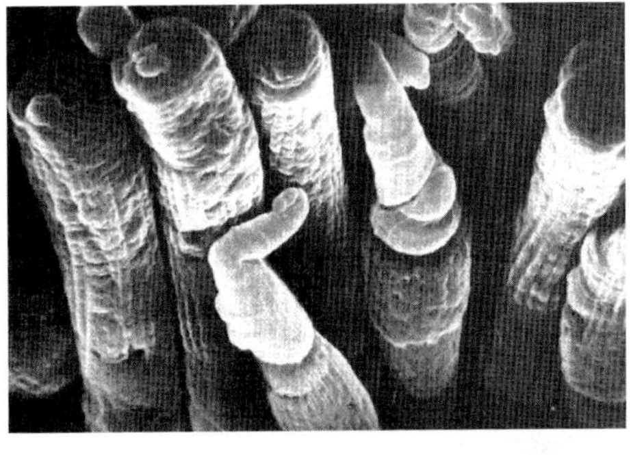

빛이 사람 눈에 도달하면 각막과 눈동자를 지난 뒤 수정체에 의해서 망막에 물체의 상을 만든다. 카메라는 이 작용을 흉내 내어 볼록렌즈에 의해서 필름에 상을 맺히게 하는 기구이다. 망막은 빛을 받아들이는 일종의 안테나들로 이루어져 있는데 이 안테나에는 기본적으로 막대기처럼 생긴 간상세포(杆: 나무이름 간-쓰러지거나 넘어진 나무를 뜻함 狀: 형상 상)와 원뿔 모양으로 생긴 원추세포(圓: 둥글 원 錐: 송곳 추) 두 가지 종류가 있다.
이 중 원추세포는 세 가지 종류로 구분된다. 짧은 파장의 빛에 반응하는 것, 중간 파장의 빛에 반응하는 것, 긴 파장의 빛에 반응하는 것이 따로 있다. 간상세포는 망막 전체에 골고루 분포하지만 원추세포는 망막의 중심부분에 몰려 있다. 빛깔을 볼 수 있는 것은 이 원추세포 때문이다. 주황색 빛이 망막에 도달했다면 중간 파장의 빛을 받아들이는 원추세포와 긴 파장의 빛을 받아들이는 원추세포가 동시에 비명을 지른다. "여기 빛이 와서 나를 때린다!" 이들의 비명이 신경을 통해 뇌에 전달되면 이것을 종합해서 물체의 색깔을 알아내는 것이다. 만일 긴 파장의 빛을 받아들이는 원추세포가 더 큰 비명을 지른다면 이 색깔은 빨간색을 좀 더 많이 띤 주황색이라는 뜻이다.

활동 3 • 리모콘의 원리

활동 안내

조정하는 데 따라 전진과 후진, 좌우 회전을 할 수 있는 플라스틱 모형 탱크를 본 일이 있을 것이다. 이 탱크를 조절하는 장치가 바로 리모컨이다. 리모컨은 리모우트 컨트롤러를 줄인 말이다. 여기서 리모우트(remote)는 '공간, 시간적으로 거리가 먼'이란 형용사이고 컨트롤러(controller)는 '컨트롤(control)하는 장치', 즉 '조정장치'를 가리킨다. 결국 리모컨은 제어하려는 대상과 떨어져서 원하는 명령을 내리는 장치라는 뜻이다.

우리가 흔히 볼 수 있는 TV 리모컨은 적외선을 이용해서 TV를 조정하는 장치이다. 몇 가지 조건을 달리하면서 TV를 조정하여 리모컨에서 나오는 적외선의 특징을 알아보자.

활동 목표

○ 적외선의 특성을 안다.
○ 리모컨에서 방출되는 적외선의 방향에 따른 세기를 조사한다.

준 비 물

○ 리모컨 TV와 리모컨, 원형 모눈종이, 거울, 나무판, 유리판, 철판, 책받침, 사무용지

활동 전개

1) 리모컨을 TV에 바짝 붙여서 스위치를 눌러가며 수신 장치를 찾는다. 수신 장치가 어떻게 생겼는지 적는다.

2) 리모컨을 거울 속 TV의 수신 장치를 향하게 하고 스위치를 눌러본다. 이때, 적외선이 가는 길을 그려본다.

3) 거울 대신 다른 물체를 두고 반사가 일어나는지 알아본다.

- 나무판 –
- 유리판 –
- 책받침 –
- 철판 –
- 사무용지 –

햇빛을 반사시켰을 때와 비교해서 차이점을 이야기해 보자.

4) 리모컨을 TV로부터 멀리하면서 스위치를 눌러 적외선이 영향을 끼치는 범위를 찾는다. 또 리모컨의 방향을 수신 장치로부터 좌우로 5°씩 틀어가며 적외선이 영향을 끼치는 범위를 찾아 ○표 한다.

방향(°) / 거리(cm)	왼쪽							중앙	오른쪽						
	35	30	25	20	15	10	5		5	10	15	20	25	30	35
50															
100															
150															
200															
250															
300															
350															
400															
450															
500															

5) 원형 모눈종이에 적외선이 영향을 끼치는 범위를 색칠하여 나타낸다.

5) 평가활동

(1) 다음 글에 나오는 동물은 사람이 감지할 수 있는 어떤 정보를 받아들일 수 있는지 적으시오.

① 햇빛이 쨍쨍 내리쬐는 어느 밝은 날, 벌 한 마리가 꽃밭에 있는 노란색 꽃에 접근하고 있다. 꽃에 내려앉은 벌은 꽃잎에 밝게 표시된 홈을 따라 내려간다. 사람 눈에는 꽃 전체가 노랗게 보일 따름이다.

→ ______________________________

② 저녁이 되자 어미 쥐가 새끼 쥐를 잠시 놓아두고 먹이를 구하러 간다. 추위를 느낀 새끼들은 어미 쥐를 부르기 시작한다. 이 소리는 사람에게는 들리지 않지만 어미 쥐는 그 소리를 듣고 부리나케 둥지로 돌아온다.

→ ______________________________

③ 조금 떨어진 곳에서는 방울뱀이 우리 눈에는 보이지 않는 들쥐를 향해 살금살금 다가가고 있다.

→ ______________________________

④ 거실에서는 사람이 리모컨으로 TV의 채널을 돌린다. 이때 어항 속의 금붕어는 리모컨에서 발사되는 한줄기 빛을 본다.

→ ______________________________

⑤ 다시 밖에서는 나방 한 마리가 박쥐로부터 벗어나려고 갑자기 날갯짓을 멈추고 땅으로 곤두박질치며 떨어진다.

→ ______________________________

(2) 리모컨에는 무선과 유선 방식이 있어 용도에 따라 달리 사용된다.

① 대부분의 장난감에는 유선 리모컨을 사용한다. 그 이유가 무엇일까?

② 큰 물건을 드는 등 위험한 작업을 하는 공장에서는 유선 리모컨을 사용한다. 그 이유가 무엇일까?

6) 통합의 방법

제7차 교육과정의 8학년 '자극과 반응'의 주된 생물 내용을 물리적인 전기기구인 센서와 연관시켜 감각기관에 대한 지식을 바르게 가질 수 있게 하고, 실제 생활에 응용되는 예를 살핌으로써 과학이 실제 생활과 밀접한 관련이 있음을 주지시킨다.

나. 기능 중심단원

1) 주제명

센서 만들기

2) 배경지식 및 활동개요

▶ 대상 학년: 중학교 2학년

▶ 관련 교과과정: 8학년 '물질의 특성', '전기'

▶ 필요 시간: 3차시

이 단원에서 우리가 만들 센서는 일종의 모형이라고 할 수 있다. 센서의 기본은 다른 요인의 영향을 최대한 줄이고 측정하고자 하는 값만 정확히 받아들여야 한다는 것이다. 그러나 우리가 그렇게까지 정밀한 장치를 만드는 일은 대단히 어렵다. 여기서는 단지 어떤 원리로 정보를 받아들이는지만 알도록 하자.

3) 목　표

· 스트레인 게이지의 원리를 안다.

· 열전쌍의 원리를 안다.

4) 단원학습

'활동 1 전자저울 만들기', '활동 2 온도계 만들기'로 구성되어 있다.

활동 1 • 전자저울 만들기

활동 안내

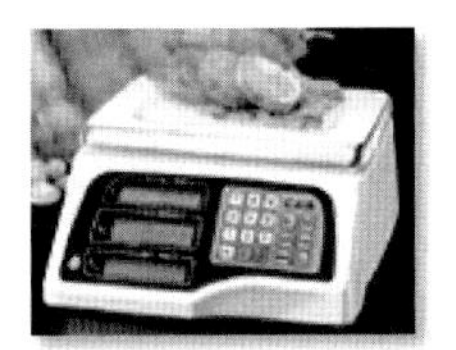

물건을 사고 팔 때나 몸무게를 잴 때와 같이 전자저울은 우리 주변 어디에서나 볼 수 있다. 전자저울로 물건의 무게를 재는 원리는 무엇일까? 전자저울 안에는 압력을 측정하는 센서가 있다. 아무리 복잡한 기계라도 그 안에 숨겨져 있는 원리는 간단하다. 전자저울의 비밀을 벗겨보도록 하자.

활동 목표

○ 압력 센서의 일종인 스트레인 게이지의 원리를 안다.
○ 물체의 저항에 영향을 끼치는 요소를 안다.

준 비 물

○ 아크릴 판, 종이스티커, 연필, 디지털 테스터, 볼트, 너트, 와셔, 나무토막, 100g 추 여러 개, 모눈종이

활동 전개

 전자저울 만들기

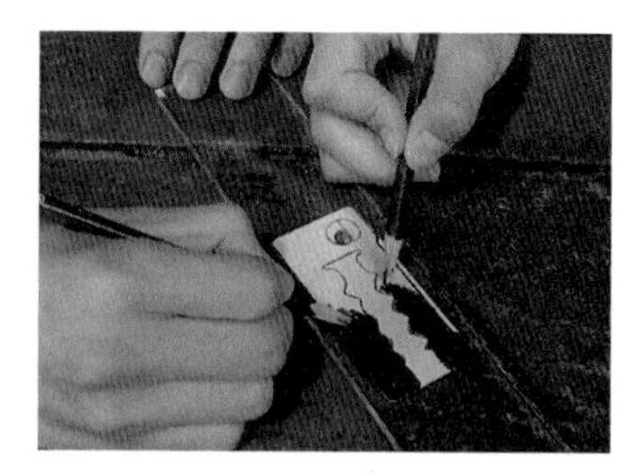

1) 종이 스티커에 ㄷ자 모양으로 악어의 얼굴을 그린 뒤 종이스티커를 아크릴 판에 붙인다.

2) 연필로 안쪽을 진하게 칠한다. 하얀 부분이 남지 않도록 주의한다.

3) 구멍이 나타나도록 연필로 입 부분을 뚫은 뒤, 와셔를 대고 볼트와 너트를 이용해 고정시킨다.

4) 아크릴 판을 나무토막 사이에 올려놓는다.

5) 테스터의 기능을 저항으로 한 후 두 볼트에 연결해 연필로 칠한 종이스티커의 저항을 측정한다.

 만든 전자저울의 이용

1) 100g 추를 하나씩 올려놓으면서 그때의 저항을 기록한다.

100g 중추의 개수	1개	2개	3개	4개
전기저항				

2) 저항과 무게의 관계 그래프를 그린다.

3) 무게를 모르는 물체를 아크릴 판에 올려놓고 저항을 잰 뒤, 그래프를 이용하여 물체의 무게를 계산한다.

4) 다른 저울을 이용하여 물체의 무게를 재고 계산했던 값과의 차이를 비교한다.

전자저울의 구조

1) 전자 체중계의 아래쪽 나사를 조심스럽게 빼내고 구조를 살펴본다.

2) 직접 힘을 받는 부분을 찾아보자. 전선으로 연결된 작은 부품이 붙어있다.

아래의 왼쪽 그림은 전자저울의 내부 모습이다. 그림의 '가'는 힘을 직접 받는 부분인데 탄성체(spring element)라고 하며, 여기에 붙어있는 '나'는 스트레인 게이지(strain gage)라고 하는데 오른쪽 그림은 이를 확대한 모습이다. 전자저울 위에 물체를 두면 힘을 받아 탄성체가 약간 휘어지고, 이에 따라 스트레인 게이지의 모양이 달라진다.

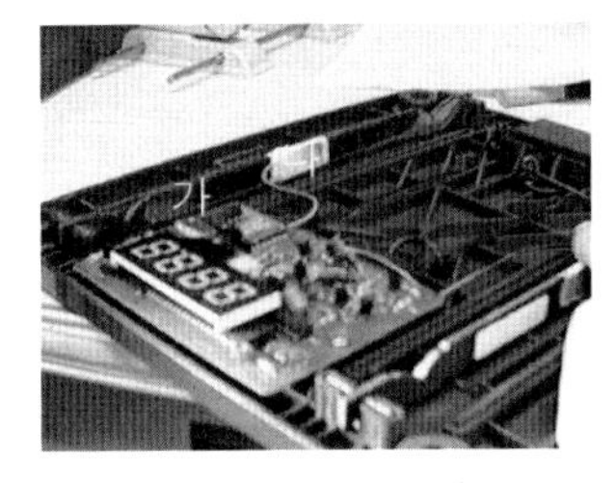

3) 실제 전자저울의 구조와 우리가 만든 전자저울을 비교해본다.

- 탄성체의 역할을 하는 것은 무엇인가?
- 스트레인 게이지의 역할을 하는 것은 무엇인가?
- 전자회로의 역할을 하는 것은 무엇인가?

더 알아보기: 연필로 그린 악어를 전자저울에 사용한 이유는 무엇일까?

연필심의 흑연이 도체이기 때문에 악어 얼굴에 연필로 색칠하면 도선 노릇을 한다. 이 위에 추를 올려놓으면 추의 무게에 의해 연필로 칠한 스티커가 휜다. 그럼으로써 도선 역할을 하는 이 악어얼굴 스티커는 길이가 늘어나게 되어 저항이 바뀐다. 물론 추를 많이 놓으면 놓을수록 이 악어 얼굴 스티커는 많이 휘며 이에 따라 많이 늘어난다. 여기서 중요한 점은 저항은 길이와 비례하고 단면적과 반비례한다는 것이다. 이 스티커 종이에 칠한 흑연가루 층은 두께 즉 단면적이 얇기 때문에 큰 저항을 만들 수 있으므로 테스터로 저항의 변화를 감지할 수 있다. 이것이 바로 우리가 만든 전자저울의 핵심 원리이다. 물론 실제 전자저울은 측정된 저항값을 무게로 환산해 준다. 실제로 전자저울의 핵심부품인 스트레인 게이지는 측정하고자 하는 물체의 무게에 따라 저항이 변하는 원리를 이용해 만든 것이다. 전자저울은 스트레인 게이지, 스프링 엘리먼트, 전자회로의 세 부분으로 이루어져 있다. 여기서 스트레인 게이지는 우리가 앞에서 실험했을 때의 흑연 스티커의 역할을 하고, 스프링 엘리먼트(탄성체)는 아크릴 판과 같은 역할을 한다. 여기서 물체의 무게 때문에 탄성체가 힘을 받아 모양이 변하면 스트레인 게이지의 저항은 바뀌게 되고 이때 측정된 저항은 전자회로에서 무게로 환산된다.

활동 2 • 온도계 만들기

활동 안내

철과 구리와 같이 종류가 다른 금속으로 된 두 가닥의 선을 이용하면 물체의 온도를 잴 수 있는데, 이것을 '열전쌍', 또는 '열전대'라고 한다. 이러한 열전쌍으로는 알코올이나 수은 온도계로는 측정할 수 없는 범위인 -200℃부터 1700℃까지 측정할 수 있으며 무엇보다도 전기 신호를 내기 때문에 자동조절장치 등에 널리 쓰이고 있다.

열전쌍을 직접 꾸며서 온도를 측정해본다.

활동 목표

○ 열전쌍의 기본 원리를 안다.
○ 열전쌍을 꾸며 온도를 직접 측정한다.

준 비 물

○ 구리선, 철선, 비커(2개), 얼음물, 알코올램프, 삼발이, 철망, 온도계(알코올 또는 수은 온도계), 모눈종이

활동 전개

1) 그림과 같이 구리선과 금속선을 연결하여 열전쌍을 꾸민다. 연결점을 두 곳 만들어 한쪽은 얼음물에 담고 한쪽은 온도를 측정하고자 하는 곳에 접촉시키면 된다.

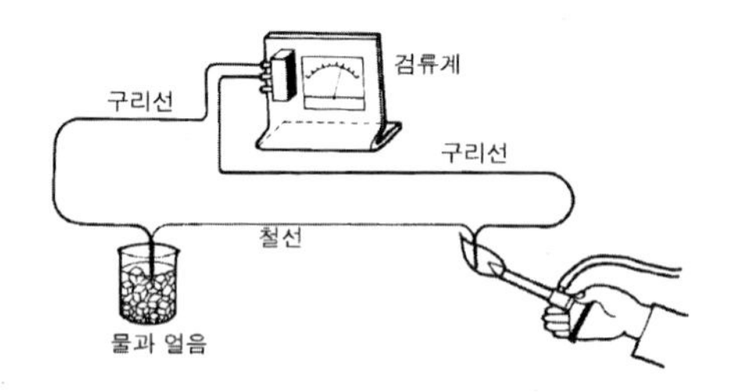

2) 열전쌍으로 온도를 측정하기 위해서는 약간의 계산을 미리 해두어야 한다.

물이 담긴 비커에 열전쌍과 온도계를 꽂고 알코올램프로 가열하면서 물의 온도와 검류계의 눈금을 기록한다. 이때 열전쌍의 반대쪽 끝은 항상 얼음물 속에 담가 두어야 한다.

가열시간	시작	30초	60초	90초	120초	150초	180초
온도계 눈금							
검류계 눈금							

3) x축을 온도계의 눈금으로 하고 y축을 검류계의 눈금으로 하여 그래프를 그린다.

4) 알코올램프로 비커의 물을 1분 정도 가열한 다음 열전쌍을 꽂아 검류계의 눈금으로 온도를 계산한다.

5) 알코올이나 수은 온도계의 눈금과 비교한다. 열전쌍으로 측정한 값과 얼마나 차이 나는지 적어본다.

열전쌍으로 계산한 온도	온도계로 측정한 온도	차이

우리가 만든 열전쌍을 온도계 대신 사용할 수 있을까?

6) 열전쌍이 어디에 사용될 수 있는지 생각해 보고 실제로도 사용되는지 조사한다. 만일 예상과 다르다면 왜 그런지도 생각해보자.

열전쌍이 쓰이는 곳 (나의 예상)	실제 사용 여부	비고

5) 평가활동

(1) 스트레인 게이지가 얇고 긴 도선이 구불구불 이어진 이유는 무엇일까?

(2) 열전쌍의 한쪽 끝을 드라이아이스에 접촉시키면 검류계의 바늘은 어떻게 될까?
(3) 열전쌍의 한쪽 끝을 90℃ 물에 꽂았더니 검류계에 80㎂의 전류가 흘렀다. 이번에는 다른 물에 꽂았더니 검류계의 전류가 48㎂이였다. 물의 온도는 얼마일까?

6) 통합의 방법

질량과 소리, 온도를 재는 행위는 모든 과학 기능의 가장 기본이 된다. 고전적인 측정 도구인 저울, 소음계, 온도계를 벗어나 전기 현상을 이용한 전자저울이나 컴퓨터, 열전쌍 등으로 측정하는 원리를 깨닫게 한다. 이 단원은 8학년의 물질의 특성 단원과 전기 단원을 연관시켜 진행할 수 있다.

다. 내용과 기능 중심단원

1) 주제명

시계 만들기

2) 배경지식 및 활동개요

▶ 대상 학년: 중학교 2학년

▶ 관련 교과과정: 8학년 '여러 가지 운동'

▶ 필요 시간: 3차시

오래 전부터 사람들은 시간을 아는 장치를 만들어 사용했다. 5500년 전 고대 이집트에서 해시계가 사용된 이래 오늘날의 원자시계에 이르기까지 시계는 인류의 문명과 함께 발달했다. 해시계나 물시계는 세계 모든 곳에서 일찍부터 나타났으며 오늘날에도 보다 정확한 시계를 만들기 위해 과학자와 기술자들이 계속 노력하고 있다. 우리도 주위의 자연현상을 이용하여 흔들이 시계를 만들자. 또 도미노 현상을 이용하여 자명종도 만들어보자.

3) 목 표

· 주변의 사물을 이용하여 시계를 만들 수 있다.

· 시계의 정확성을 판단할 수 있다.

4) 단원학습

'활동 1 흔들이를 이용한 진자시계', '활동 2 딱 1분 잠수정'으로 이루어진다.

활동 1 • 흔들이를 이용한 진자시계

활동 안내

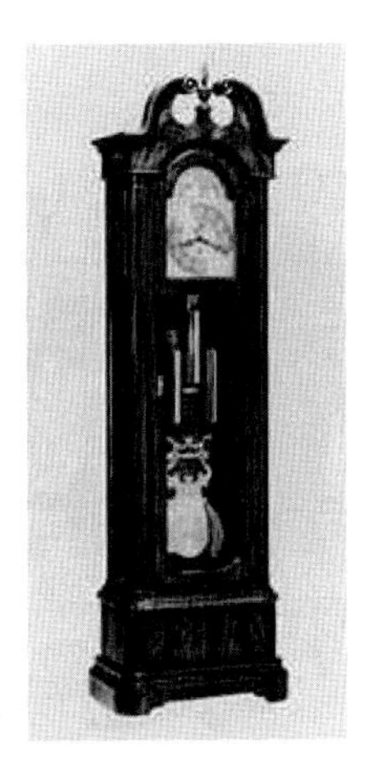

이제는 할아버지 댁에서나 볼 수 있게 된 커다란 괘종시계는 흔들이의 원리를 이용한 것이다. 흔들이의 원리를 처음 발견한 사람은 이탈리아의 과학자 갈릴레이다. 그는 교회의 천장에 매달린 등불이 흔들리는 시간을 맥박을 이용해 잰 결과 큰 폭이나 작은 폭으로 흔들리던지 상관없이 한번 흔들리는 데 걸리는 시간이 일정하다는 것을 알아냈다.

줄에 추를 매달아 흔들리게 하면 흔들리는 시간이 오직 실의 길이에 따라 달라진다. 실의 길이를 잘 조절하여 1초에 한 번씩 흔들리는 흔들이를 만들어보자.

주기가 1초에 가장 가까운 흔들이를 만든 모둠을 뽑는다.

활동 목표

○ 흔들이의 길이에 따라 주기[1]가 어떻게 달라지는지 측정한다.

○ 길이를 조절하여 1초에 한번 흔들리는 흔들이를 만든다.

준 비 물

○ 낚싯줄, 추, 초시계

---

1) 주기: 흔들이가 한 번 왕복하는 데 걸리는 시간

활동 전개

1) 초시계를 사용하여 시간을 잴 때는 초시계를 켜고 끄는 시간차이 때문에 값이 틀려진다. 흔들이의 주기를 잴 때, 한 번 왕복하는 데 걸리는 시간을 재는 것과 20번 왕복하는 시간을 재서 20으로 나누는 방법 중, 어느 쪽이 더 정확하게 주기를 측정할 수 있을까?

2) 추를 낚싯줄로 연결하여 매단다.

3) 줄의 길이에 따라 흔들리는 주기가 어떻게 달라지는지 측정한다.

실의 길이	추의 주기			
	1회 실험	2회 실험	3회 실험	평균
25㎝				
50㎝				
75㎝				
100㎝				
125㎝				

4) 주기가 1초인 추를 만들기 위해서는 실의 길이를 어떻게 조절해야 할 지 모둠별로 의논한다. 계획을 잘 세워야 시간 안에 만들 수 있다. 우리 모둠이 짠 계획을 적어보자.

5) 실의 길이를 조절함에 따라 흔들이의 주기가 어떻게 달라지는지 기록한다.

시도 횟수	실의 길이	추의 주기			
		1회 실험	2회 실험	3회 실험	평균
1차 시도	25㎝				
2차 시도	50㎝				
3차 시도	75㎝				
4차 시도	100㎝				
5차 시도	125㎝				

6) 주기가 1초에 가장 가까운 흔들이를 만든 모둠을 뽑아 상품을 준다.

활동 2 • 딱 1분 잠수정

활동 안내

정해진 시간이 되면 따르릉 하고 울리는 시계가 있다. 또 시간마다 뻐꾸기가 우는 시계도 있다. 이런 시계를 자명종이라고 하는데, 자명종(自: 스스로 자, 鳴: 울 명, 鐘: 종 종)이란 글자 그대로 스스로 우는 종이라는 뜻이다. 세종대왕 때 장영실이란 분은 자격루라고 하는, 시간을 저절로 알려주는 물시계를 만들었다. 우리도 요구르트 병과 풍선을 이용하여 1분만에 떠오르는 인공지능 잠수정을 만들어보자.

활동 목표

○ 사건이 일어나는 시간을 정확히 측정할 수 있다.
○ 반응 물질의 양을 바꾸어 뜻대로 화학 반응의 빠르기를 조절할 수 있다.

준 비 물

○ 염산(2M), 석회석, 풍선, 수조, 요구르트 병, 저울, 사탕이나 초콜릿(상품)

활동 전개

1) 요구르트 병에 석회석과 염산을 넣고 풍선의 주둥이로 입구를 씌워서 물에 가라앉힌다.

2) 겨우 가라앉는 잠수정의 무게를 찾는다. 요구르트 병의 무게가 어느 한도 이상이어야만 아래로 가라앉기 때문에 석회석의 양을 조금씩 증가하면서 수조에 가라앉혀 본다.

3) 염산의 양을 조절하면서 떠오르는 시간이 1분이 되도록 조절한다. 시간은 요구르트 병을 물에 넣는 순간부터 측정한다.

4) 짜임새 있는 계획을 세워 정해진 시간에 실험을 끝내도록 한다.

5) 실험 결과를 정리한다.

시도 횟수	석회석의 양(g)	염산의 양(mL)	떠오르는 시간
1차 시도			
2차 시도			
3차 시도			
4차 시도			
5차 시도			

6) 이 외에도 바닥이 새는 그릇을 이용하여 정해진 시간에 가라앉게 하거나, 다른 아이디어를 이용해서 자명종을 만들어보자.

5) 평가활동

(1) 초가 타는 시간을 이용한 초시계를 만들어보자. 초를 켜고 1시간동안 짧아진 길이를 측정하여 초에 눈금을 그려 시계로 하자. 이 시계는 얼마나 정확한지 조사해 보자.

(2) 우리 주위에 시계로 이용할 수 있는 것들을 찾아 시계로 만들었을 때의 장점과 단점을 생각해보자.

사건	특징	측정시간 범위	장점	단점

(3) 그림은 육상 선수가 출발하는 장면을 매 1/100초마다 사진으로 찍은 모습이다. 이 선수가 출발 준비 위치에서 일어나는 데 얼마만큼의 시간이 걸렸을까?

6) 통합의 방법

활동 1은 물리 영역이고, 활동 2는 화학 영역으로 시간의 정확성에 대한 내용을 기능과 함께 다룬다.

활동 2에서의 실험의 원리는 다음과 같다.

이 실험은 염산과 석회석이 반응해서 이산화탄소가 나오는 것을 이용한 것이다.

염산 + 석회석 → 염화칼슘 + 물 + 이산화탄소

염산과 석회석이 반응해서 만들어진 이산화탄소가 풍선을 부풀어 오르게 하면 부력이 커져서 요구르트 병이 떠오른다.

라. 사례 중심단원

1) 주제명

자동 장치의 이용 - 로봇

2) 배경지식 및 활동개요

▶ 대상 학년: 중학교 전학년

▶ 관련 교과과정: 없음

▶ 필요 시간: 3차시

자동 장치는 앞으로 인공 지능을 가진 컴퓨터로 발달할 것이다. 종래의 컴퓨터가 정해진 순서대로 일을 하는 데에 비해 인공 지능 컴퓨터는 논리적으로 추론하고 판단하며, 학습을 통해 스스로 점점 능력을 높이는 등 인간의 지능에 가까운 기능을 가진다. 현재 인공 지능은 자동 번역을 비롯하여 자연 언어 처리, 음성 인식, 화상 인식 등의 영역에 이용되고 있지만 아직은 초보단계에 불과하다. 따라서 이 방면에서 해야 할 일은 무궁무진하다. 자동장치의 이용분야에 대해서 생각해 본다.

3) 목 표

· 자동조절 장치의 이용 전망에 대해 근거를 가지고 판단할 수 있다.

· 로봇의 역할에 대하여 정의할 수 있다.

4) 단원 학습

'활동 1 미로를 찾아라', '활동 2 로봇 과학자 되는 길'로 이루어져 있다.

활동 1 • 미로를 찾아라

활동 안내

서울대와 영남대 등 몇몇 대학에서는 연례행사로 미로 찾기 로봇 경연대회를 연다. 시각 센서 및 판단 장치를 가진 로봇이 미로를 뚫고 정해진 위치에 도달하는 게임이다. 이 경기에는 사람이 조정하지 않고도 스스로 미로를 찾아가는 로봇들이 출전한다.

우리가 직접 로봇을 만들기는 어렵지만 어떻게 판단해서 길을 찾아가도록 할 것인지 생각해 볼 수는 있다. 순서도가 적힌 카드를 이용하여 가상의 미로 찾기 경연대회를 펼쳐보자.

활동 목표

○ 자동조절에 필요한 순서도를 작성한다.
○ 작성한 순서도를 효율적으로 개량한다.

준 비 물

○ 미로(전지에 매직으로 그린 것), 지우개(로봇 대신 사용), 독서카드, 상품

활동 전개

1) 먼저 가장 공정한 사람으로 심판을 정한다.

2) 모둠별로 의논하여 미로를 찾는 순서도를 작성한다.

· 로봇은 앞으로 전진, 좌 · 우로 90° 회전만 할 수 있다. · 로봇은 앞이 막혔는지, 뚫렸는지만 판단할 수 있다. · 전진 명령을 내리면 로봇은 앞이 막힌 곳까지 진행한다.

3) 지우개의 윗면에 화살표를 그려 앞을 정하고 출발점에서 시작한다.

4) 심판은 각 모둠이 제출한 카드에 적힌 순서도에 따라 지우개를 움직인다.

5) 도착점까지 지우개가 움직인 거리를 측정하여 표를 만든다.

6) 가장 짧은 거리로 도착점까지 찾아간 모둠이 상을 받는다.

 더 알아보기: 로봇 축구대회

로봇 축구대회는 우리나라의 과학기술원(KAIST)에서 제안하여 매년 열리는 세계적인 행사이다.

자체 내에 CPU(판단 장치)를 달고 있는 로봇 선수는 주 컴퓨터의 작전내용을 무선통신으로 전달받아 자신의 움직임을 제어한다. 이들은 또한 전원이나 구동장치를 갖추고 있다. 물론 사람처럼 다리로 뛰어다는 것이 아니라 바퀴로 움직이기 때문에 드리블과 패스가 그리 정교하진 못한 편. 슛 동작도 모터속도를 높여서 슛을 쏜다기보다는 밀어낸다고 표현하는 것이 더 어울릴 것이다. 한편 비전시스템은 경기장으로부터 2m 이상 떨어진 자기 진영 위에 설치 돼 눈 역할을 한다. 대개는 CCD 카메라나 캠코더를 이용하는데, 이들은 노랑색과 파랑색으로 구별된 유니폼을 입고 움직이는 로봇과 공의 위치를 빛의 삼원색(빨강 파랑 녹색), 즉 RGB값이나 모양에 따라 인식해 로봇에게 전달한다. 이번에 뉴턴팀이 우승을 차지할 수 있었던 결정적 요인도 바로 우수한 비전 시스템 덕뿐.

MIT 출신으로 현재 비전소프트웨어 개발회사를 운영하고 있는 전문가들이 만든 이 팀의 비전은 1초에 60번을 탐색할 수 있는 능력을 갖춰, 보통 1초에 10번 정도 밖에 탐색하지 못하는 경쟁 팀들을 압도적으로 눌렀다(물론 20점이라는 큰 점수차가 난 것은 결승전 경기 진행이 늦어져 소티팀의 카메라 설치가 제대로 되지 않은 탓도 일조했다. 개막식에서 뉴턴팀은 '소티'팀의 자매구단인 '미로'팀과의 경기에서 12 대 3으로 승리). 로봇의 움직임을 효과적으로 제어할 수 있는 경기 알고리즘의 개발은 호스트컴퓨터의 최대 과제. 1대의 로봇을 만드는 데 걸리는 시간은 대략 3개월 정도이지만, 프로그래밍을 짜고, 원하는 동작을 수행하도록 이를 수정하는 데는 제작기일보다 더 오랜 시간이 소요된다고 한다.

활동 2 • 로봇 과학자가 되는 길

활동 안내

초등학생에게 장래 희망을 물어보면 '로봇을 만드는 과학자'가 가장 많다. 아마 만화영화의 영향 때문일 것이다. 로봇 과학자는 만화에서만, 혹은 꿈에서만 이룰 수 있는 목표일까? 미래의 로봇 과학자가 되기 위해서는 무엇을 준비해야 할까?

활동 목표

○ 인공지능 로봇이 갖춰야 할 점에 대해 토의한다.
○ 자신의 꿈을 이루기 위해 미리부터 준비하고 노력하는 태도를 가진다.

준 비 물

○ 대학에 설치된 학과 목록

활동 전개

1) 로봇을 만들기 위해 필요한 학문은 무엇인지 찾는다. 왜 로봇 공학과는 없을까?

2) 1942년 미국의 공상과학 작가인 아이작 아시모프는 로봇공학을 뜻하는 '로보틱스'(robotics)라는 단어를 사용하면서, 다음과 같은 로봇의 3가지 규범을 제시했다

1. 로봇은 인간을 다치거나 위험에 빠지도록 해서는 안 된다.
2. 로봇은 첫째 규범에 저촉되지 않는 한 인간이 내린 명령에 복종해야 한다.
3. 로봇은 첫째와 둘째 규범에 저촉되지 않는 한 자신의 존재를 보호해야 한다.

이 중 필요하지 않거나 더 포함되어야 할 점은 무엇인지 서로 이야기해보자.

· 필요하지 않은 항목:

· 더 포함되어야 할 항목:

3) 힘들거나 위험하거나 어려운 일은 사람 대신 로봇에게 일을 시키면 더 효율적일 것이다. 각 분야별로 연구해야 할 과제를 표로 정리해보자.

분야	로봇에게 시켜서 유리한 점	더 개발해야 할 점
건설		
의료		
우주 공간		

4) 로봇 과학자가 되기 위해 꼭 필요한 태도 한 가지만 고른다면 무엇을 택할지 서로 이야기한다.

5) 평가활동

(1) 다음은 옛날에 만들어진 자동장치에 관한 글이다.

적국과의 결전을 하루 앞둔 날 밤, 무장한 병사들이 비장한 눈빛으로 신전 앞에 모인다. 제사장이 손짓을 하자 병사 한명이 제단에 불을 붙였다. 그러자 굳게 닫힌 육중한 문이 스르르 열렸다.
제사장은 내일의 전투에서 이길 수 있을지 여부를 신으로부터 듣기 위해 신전으로 들어선다. 횃불이 모두 타들어갈 무렵 제사장이 나와 '내일 우리가 승리할 것'이라는 계시를 전한다. 제단의 불이 꺼지고, 신전의 문은 자동으로 닫힌다.

약 2천 년 전 이집트 북부의 항구도시 알렉산드리아에서 스스로 여닫히는 자동문이 실제로 존재했을 것으로 추정되는 기록이 있다.

자동문의 원리는 간단하다. 제단 아래에는 물을 담은 그릇 몇 개, 그리고 이들과 밧줄로 연결된 원기둥이 장치돼 있다. 횃불이 켜지면 공기가 팽창해 물을 밀어내고, 그 힘으로 문 아래에 연결된 원기둥이 돌아 문이 열리는 방식이다. 이 장치의 제작자는 알렉산드리아의 걸출한 과학자 헤론(65-150)이었다.

헤론은 공기의 압력을 이용하고, 정교한 도르래와 톱니바퀴, 나사, 피스톤과 같은 도구들이 동원된 정밀한 기계장치들이 적지 않게 등장한다. 이들은 현대의 자동차 속도계, 제트추진기, 증기기관의 원형으로 불릴 정도의 수준을 갖춘 것이라 평가받는다. 동전을 넣으면 물이 흘러나오는 자동 성수기(聖水機)나 노래하는 인공새와 같은 기발한 장난감도 있었다.
하지만 이 발명품들은 오래 가지 않아 역사 속으로 사라졌다. 왜 그랬을까?

(2) 로봇 축구대회에 참가할 로봇을 위해서 어떤 순서도가 필요할까? 필요한 순서도를 독서카드에 적어보자.

6) 통합의 방법

이 단원은 미래 사회의 주된 기술이 될 로봇의 기초적인 개념을 경험할 수 있도록 현재 널리 알려져 있는 로봇 축구대회를 소개하고, 이로부터 미래 과학자의 대표인 로봇 과학자가 되기 위한 방법을 사례 연구를 통하여 스스로 알아보도록 한다.

2. 통합과학교육을 위한 재구성

통합과학교육의 실례에는 우리나라 교육과정에 포함된 과학교과의 개념을 선택하여 통합의 형태로 재구성하였다. 빛과 열의 근원-태양, 연 날리기와 음식, 물체가 지나간 자리, 환경오염(수질과 공기)의 다섯 가지 실례가 제시되었다. 빛과 열의 근원-태양은 다학문 통합의 형태이다. 태양을 이해하기 위해 요구되는 에너지, 생명, 지구의 영역을 통합하였다. 연 날리기와 음식은 완전통합의 형태를 빌어, 과학과 사회, 음악, 미술을 통합하고자 시도하였다. 특히 연 날리기와 음식은 우리나라 문화에 적합한 소재를 택함으로써 학생들의 동기 유발 및 지속에 초점을 두어 개발하였다. 빛과 열의 근원-태양, 연 날리기, 음식은 모듈의 형태로 제안되었다. 각 모듈에서 활동 가능한 내용들을 나열하여 제시하였고, 그중 몇 내용에 대하여 구체적인 활동을 제안하였다.

'물체가 지나간 자리'는 에너지 영역인 물체가 지나간 자리를 표시하는 방법과 지구 영역인 하루 동안 태양의 움직임을 통합하여 재구성한 것이다. 이 예시는 물체가 지나간 자리를 학습하기 위한 차시별 활동을 구성하였다. 하루 동안 태양의 위치변화는 결국 태양이라고 하는 물체가 하루 동안 지나가는 길을 점으로 찍고 이것을 선으로 이으면 알 수가 있다. 그러므로 물체가 지나간 자리를 표시하는 다양한 방법을 익히고 나서 하루 동안 태양의 위치변화를 학습하면 학습을 전개하는 데 자연스러울 뿐만 아니라 태양의 위치를 나타낼 수 있는 다양한 방법을 발견할 수가 있으므로 한층 효과적이다. 우선, 물체가 지나간 자리를 표시하는 다양한 방법을 확인하고 나서 하루 동안 태양이 움직여 가는 길을 어떻게 나타낼 수 있는지 브레인스토밍하여 많은 아이디어를 찾는다. 이 중 유망한 아이디어를 선택한 후 실험 계획을 구체적으로 세워 실험을 하고, 결과를 토의하는 과정으로 학습이 전개된다.

'환경오염(대기오염 및 수질오염)'은 논제 중심으로 통합을 구성하였다. 환경교육은 이론적인 지식 습득만으로는 그 실효를 거둘 수 없다. 따라서 생생한 체험활동을 통해 산지식을 얻을 수 있는 현장 견학활동과 병행하여 이루어지도록 해야 한다. 그러므로 고장의 오염된 물이나 가정의 생활하수 등을 채수하여 오염된 물의 성질과 오염된 물이 어떻게 변화하는지 관찰하고, 오염된 물에서의 생물의 변화 실험을 통하여 오염된 물이 생물에게 주는 피해를 알아보도록 하였다. 또한 물이 오염되는 원인과 오염을 줄이는 방법을 다양한 방법을 통해 알아보고 대책을 수립하여 물 오염방지에 노력함으로써 학생들이 물 보존의식을 갖도록 한다.

대기오염은 구체적인 활동인 포트폴리오를 형성하도록 구성하였다. 환경오염 중에서 대기오염을 다루는 단원이다. 지식 면에서는 공기가 오염되었다는 것이 어떤 것이고, 공기의 오염 정도를 어떻게 알아볼 것인가?, 그리고 공기를 오염시키는 원인에는 무엇들이 있는가?, 또, 공기가 오염됨으로 해서 어떤 피해가 발생되는가를 알아보는 것이 목적이다. 탐구능력 면에서는 공기 오염을 다루고 있는 다양한 자료들(신문기사, 잡지, 인터넷, 백과사전, 참고서적 등)을 수집 정리하는 능력, 다양한 자료를 분류하는 능력, 자료 해석능력, 실험 계획 및 수행능력, 보고(의사소통)능력을 기르려 한다. 태도 면에서는 모둠원들과 협동하여 문제를 해결하려는 태도, 과제에 대한 흥미와 관심, 과제 해결 과정에서의 적극성을 목표로 한다. 창의성 면에서는 모둠원들이 브레인스토밍 등 아이디어 회의를 통해 독특하고 가치 있는 해결책을 찾아 다양하고 참신한 방법으로 표현할 수 있도록 권장한다. 실생활에서 직접 부딪히는 공기오염과 관련된 시사문제와 연관지어 공기오염을 막을 수 있는 방법을 찾게 함으로써 적용능력의 함양을 도모하였다. 또한, 스스로 자신의 발전과정을 관리할 수 있도록 포트폴리오 방식을 취하여 구성하였다.

가. 빛과 열의 근원 '태양'

현재 초등 과학교육과정에서는 과학의 세부 과목별, 즉 에너지, 물질, 생명, 지구별로 각 단원이 구성되어 있고 네 단원이 한 학기 분량의 지도 내용이 된다. 이런 식으로 학습하게 되면 학생들은 똑같은 주제를 각기 다른 단원에서, 즉 각기 다른 시점에서 세부 과목별로 배우게 된다. 이러한 학습은 한 가지 대상을 종합적으로 다양한 관점에서 분석하고 관찰해 보면서 통합적으로 배우게 되는 것보다 민감성, 분석력, 종합력 등 창의력 신장에 관련된 제반 지식을 학습하는 데 큰 어려움이 있다. 현재 초등학교에서는 빛과 열이 분리되어 제시되어 있으나, 빛과 열은 에너지의 측면에서 불가분의 관계에 있으므로 통합하여 지도하는 것이 더 효과적이다. 따라서 태양에서 나오는 지구의 모든 생명 현상을 좌우하는 빛과 열을 '태양'이라는 주제로서 통합시켜 태양의 빛과 열을 받아 에너지 자원으로 이용하여 살아가고 있는 우리의 문명에 대해서도 좀 더 관심을 갖고 연구하도록 하는 데 학습의 목적이 있으며, 나아가서는 태양에 대한 소중함과 자연의 신비로움을 느낄 수 있도록 한다.

주제	빛과 열의 근원 '태양'	
관련영역	단 원 명	학 습 요 소
생명	【3-2】 1단원 식물의 잎과 줄기	햇빛과 식물의 자람
	【5-1】 7단원 식물의 잎이 하는 일	콩나물이 자라는 방향과 햇빛과의 관계
	【5-2】 1단원 환경과 생물	햇빛과 녹색식물, 녹말의 생산과 햇빛(광합성 작용)
지구	【5-2】 7단원 태양의 가족	하루 동안의 태양의 움직임, 태양과 별의 위치가 시각에 따라 달라 보이는 까닭, 태양계, 태양 관찰, 태양 및 행성의 크기, 태양으로부터 각 행성까지의 거리
	【6-2】 4단원 계절의 변화	태양의 고도 측정, 태양의 고도에 따른 그림자의 길이 변화, 태양의 고도에 따른 지면에서 받는 에너지의 양, 계절에 따른 태양의 남중 고도의 변화와 그 까닭
에너지	【3-2】 2단원 빛의 나아감	빛의 직진, 빛의 반사, 빛의 굴절
	【4-2】 5단원 열에 의한 물체의 부피 변화	난로와 햇빛에서 나오는 열의 이동
	【5-2】 8단원 에너지	태양 에너지의 전환, 여러 가지 에너지 자원, 에너지 자원의 이용
창의력 신장 요소	유창성, 조직성, 논리성, 민감성, 분석력, 종합력, 관찰력, 추리력	

<table>
<tr><td>주제
선정의
이유</td><td colspan="4">● 모든 생명체의 삶의 터전은 지구이며, 고대부터 지구가 삶의 터전이 될 수 있었던 기반 중의 하나가 태양으로부터 오는 빛과 열이다. 다시 말하면 지구 상의 모든 생명체는 태양 없이는 절대로 살아갈 수 없다. 태양은 모든 빛과 열의 근원이고, 여러 가지 생명활동에 관여하는 중요한 역할을 하고 있다. 태양으로부터 빛과 열은 태양계의 모든 행성에 전달되는 데, 태양계 행성 중의 하나인 지구에도 빛과 열을 전달하여 영향을 주고 있다.
현재 초등학교 과학교육과정에서는 태양에서 나오는 빛과 열에 관련된 내용이 통합적으로 제시되어 있기보다는 세부 과목별로 내용이 제시되어 있다. 하지만 과목별로 조금씩 흩어져 있는 내용을 통합하여 지도한다면, 태양과 관련된 모든 개념을 체계적으로 이해할 수 있고, 우리 생활에 있어서 태양의 중요성과 그 가치를 충분히 이해할 수 있으리라 생각된다.</td></tr>
<tr><td rowspan="3">학습
주제의
구성</td><td rowspan="2">학습주제의 구성 요소</td><td colspan="2">적용과정</td><td rowspan="2">학습
시기</td></tr>
<tr><td>일반</td><td>심화</td></tr>
<tr><td>1. 태양의 구조는 어떻게 되어 있을까?
2. 태양에서 나오는 빛과 열이 지구에 전달되는 방법은?
3. 지구에 사는 식물은 태양빛을 어떻게 이용하고 있을까? (광합성 작용)
4. 태양의 하루 동안의 움직임과 그림자의 길이, 태양의 남중 고도의 변화를 알아보자.(계절의 변화 원인)
5. 태양계의 행성은 무엇이 있고, 태양으로부터의 각각의 거리, 행성의 특징은 어떠한가?(생명체가 살 수 있기 위한 적당한 조건을 지닌 지구는 축복받은 행성)
6. 태양에너지란 무엇인가?</td><td>○
○
○

○

○

○</td><td></td><td></td></tr>
<tr><td>과학
영역
학습
적용</td><td colspan="4">▶ 생명영역 : 태양빛과 식물의 자람과의 관계 및 식물의 광합성 작용 지도 시에 태양은 지구상의 모든 생명 현상과 밀접한 관련을 가지고 있으므로, 여러 가지 생명 현상에 영향을 미치는 태양의 소중함에 관하여 지도한다.
▶ 지구영역: 태양의 구조 및 특성, 태양과 각 행성까지의 거리와 행성들의 특징과 같은 거시적인 태양뿐만 아니라, 지구에서 태양을 관측할 수 있는 다양한 방법으로 태양과 우리와의 관계를 조명하도록 하며, 태양이 있음으로 해서 우리가 현재 누릴 수 있는 혜택이 많다는 것을 지도한다.
▶ 에너지영역: 빛과 열의 이동 방법을 다루어, 태양에서 나오는 빛과 열이 우리 지구에까지 오게 되는 원리를 추측하고, 우리가 사용할 수 있는 지구 에너지 자원의 한계를 극복할 수 있는 미래의 대체 에너지 자원인 태양에너지를 지도한다.</td></tr>
</table>

<table>
<tr><th colspan="3">통합교과 학습에서 제안된 내용</th></tr>
<tr><td colspan="2">주제명</td><td>빛과 열의 근원 '태양'</td></tr>
<tr><td rowspan="3">관련 영역 및
학습 요소</td><td>생명</td><td>식물의 광합성 작용, 식물의 자람과 햇빛과의 관계</td></tr>
<tr><td>지구</td><td>태양의 크기 및 구조, 태양계
지구에서 관측하는 태양의 운동, 남중 고도, 해시계 만들기</td></tr>
<tr><td>에너지</td><td>빛과 열의 관계, 태양 복사, 빛의 성질, 태양 에너지</td></tr>
<tr><td colspan="2">대상</td><td>초등학교 5~6학년</td></tr>
<tr><td>제안된 내용</td><td>연구 주제</td><td>1. 햇빛이 비치는 쪽으로 식물이 자라나는 이유는 무얼까?
2. 햇빛이 없다면 식물은 어떻게 될까?
3. 햇빛이 없다면 사람은 어떻게 될까?
4. 태양의 크기, 구조, 특징, 지구로부터의 거리를 알아보자.
5. 양달과 응달의 온도가 다른 이유와 우리가 사물을 볼 수 있는 이유는 무엇일까?
6. 태양이 갖고 있는 빛과 열이 지구로 어떻게 전달이 되는 걸까?
7. 무지개는 왜 생기는 걸까?
8. 돋보기로 햇빛을 모으면 어떠한 현상이 일어나는가?
9. 햇빛을 프리즘을 통해 보면 어떠한가?
10. 노을이 지는 이유는?
11. 하루 동안의 태양의 움직임을 살펴보고, 그림자의 길이, 남중 고도를 측정해 보자.
12. 태양계의 다른 행성들과 태양의 관계를 지구와 태양의 관계와 연관지어 생각해 보자.
13. 미래의 지구 에너지 자원인 태양 에너지 자원에 대해 연구하여 보자.
14. 태양과 지구 생명체와 불가분의 관계를 맺고 있는데 이에 관하여 논의해 보자.</td></tr>
</table>

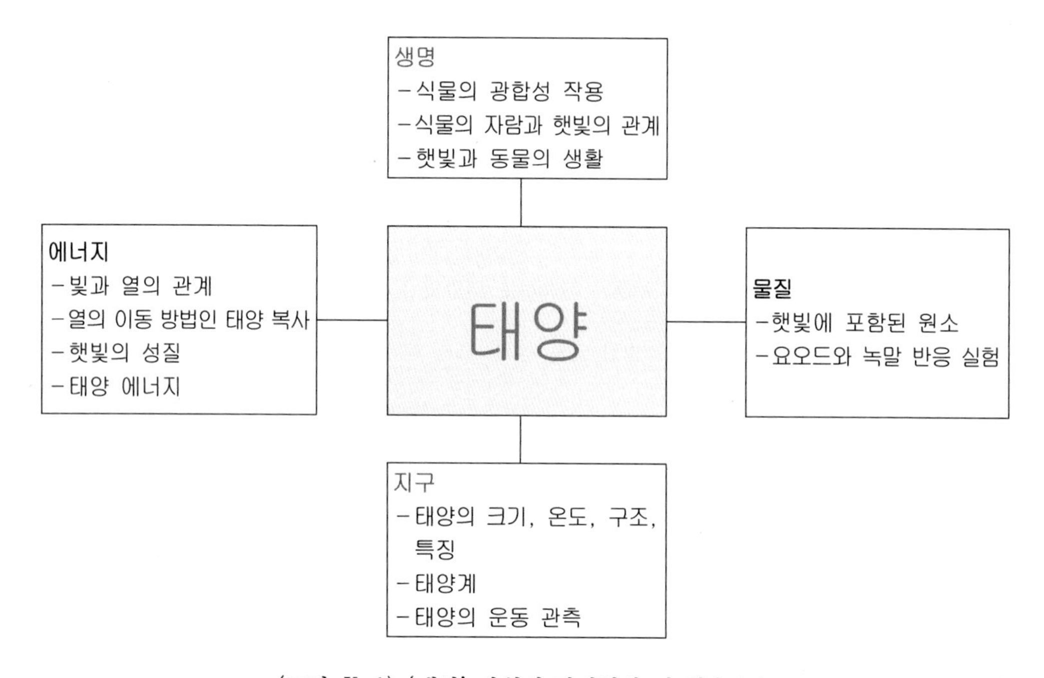

〈그림 X-1〉 '태양' 단원의 관련영역 및 학습요소

<활동 1>

♡ 태양으로부터 우리는 무엇을 얻을까?

◎ 준비물

전등, 손전등, 양초

우리는 빛 때문에 볼 수 있다. 빛이 우리의 눈에 닿고 우리의 뇌는 사진처럼 이들 감각을 해석한다.

만약에 빛이 없다면 우리는 아무 것도 볼 수 없게 될 것이다. 또한 빛은 열을 생산한다. 만약 태양이 없다면 우리는 얼어 죽을 것이다. 깜깜한 방안에서 전등을 켜 본다. 그리고 손전등, 양초를 차례로 켜본다. 깜깜한 방안에서 어떠한 변화가 생겼는가? 우리의 실생활에서 이러한 필요를 느낄 때가 많다. 이들을 태양이라 생각해 보고 태양이 우리에게 주는 것을 한번 생각해 보도록 하자.

전등, 손전등, 양초와 태양의 공통점	전등, 손전등, 양초와 태양의 차이점

☞ 태양이 있어서 우리에게 좋은 점

<활동 2>

♡ 태양의 신비를 벗겨라~

◎ 준비물

백과사전, 인터넷 자료, VTR 동영상 자료 등

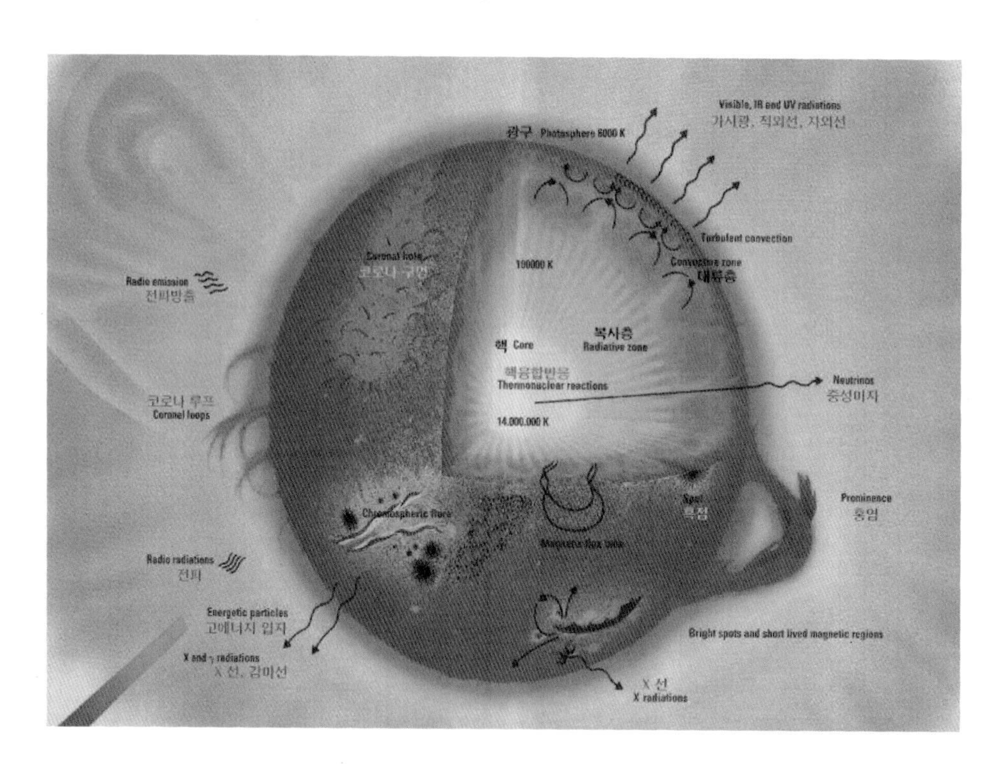

<활동 3>

♡ 빛의 성질 알아보기

1. 빛의 직진 실험

1) 실험 자료

여러 개의 판자, 양초 또는 손전등, 양초 받침대, 성냥, 짧은 고무관

2) 실험 순서

① 4개의 판자 중앙에 같은 크기의 작은 구멍을 뚫는다.(지름이 0.5㎝ 크기)
② 구멍이 일직선이 되도록 판자를 세워 둔다.
③ 양초 받침대에 양초를 고정시킨다.
④ 양초에 불을 붙이거나 손전등을 켠다.
⑤ 구멍을 통해 양초나 손전등을 본다.
⑥ 판자 하나를 선 밖으로 움직이고 양초나 손전등으로 향하게 놓는다.
⑦ 고무관을 통해 양초나 손전등을 향한다.
⑧ 고무관의 한쪽 끝을 구부린다.
⑨ 양초나 손전등을 본다.

3) 실험 결과

- 판자들을 똑바로 일렬로 세워 놓으면 양초나 손전등이 보인다. 그러나 판자 하나가 줄 밖으로 나가면 불빛이 보이지 않는다.
- 고무관이 반듯하면 양초나 손전 등 빛을 볼 수 있다. 굽어진 고무관으로는 불빛을 볼 수 없다.

<활동 4>

♡ 바늘구멍 사진기와 잠망경 만들기

1. 바늘구멍 사진기 만들어 보기

1) 실험 순서

① 검은 판지에 펼친 그림을 그리고, 가위나 칼로 오려 냅니다.
※ 속 상자보다 겉 상자를 조금 더 크게 만들어야 합니다.

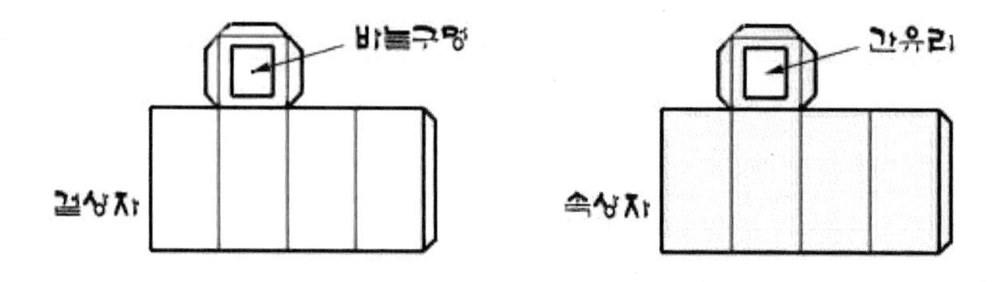

② 겉 상자에는 구멍을 뚫고, 속 상자에는 간유리를 붙입니다.

③ 속 상자를 겉 상자 속에 끼워 넣습니다.

④ 전구에 모양을 붙입니다.

-전구의 표면에 'ㄱ' 모양을 붙입니다.

-전구에 불을 켜고 바늘구멍 사진기로 전구를 관찰합니다.

⑤ 바늘구멍 사진기의 속 상자를 바늘구멍에 가까이 하여 보고, 멀리도 하여 보세요

2) 실험 결과

- 간유리에 비친 모양은?
  간유리에 비친 'ㄱ'의 모양은 위와 아래, 왼쪽과 오른쪽의 방향이 각각 반대로 나타납니다.
- 속 상자를 이동할 때의 변화?
  속 상자를 바늘구멍에 가까이 할 때에는 상이 점점 작아지며 또렷해집니다.
  속 상자를 바늘구멍에서 멀리 할 때에는 상이 점점 커지며 흐려집니다.

3) 상이 거꾸로 나타나는 까닭은?

'ㄱ' 모양의 위쪽에서 바늘구멍에 들어 온 빛은 간유리의 아래쪽에,

'ㄱ' 모양의 아래쪽에서 바늘구멍에 들어 온 빛은 간유리의 위쪽에 비치기 때문이다.

4) 이것은 빛의 어떠한 현상을 이용한 것인가?

바늘구멍 사진기는 빛의 직진 현상을 이용한 것입니다.

2. 잠망경 만들기

1) 준비물

같은 크기의 거울 2개(5*7cm), 가위, 풀 또는 셀로판테잎, 잠망경 펼친 그림

2) 실험 순서

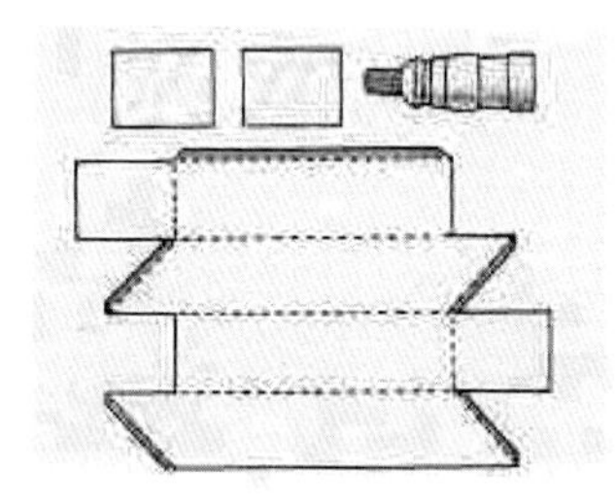

① 두꺼운 판지에 왼쪽 그림과 같이 전개도를 그린다.

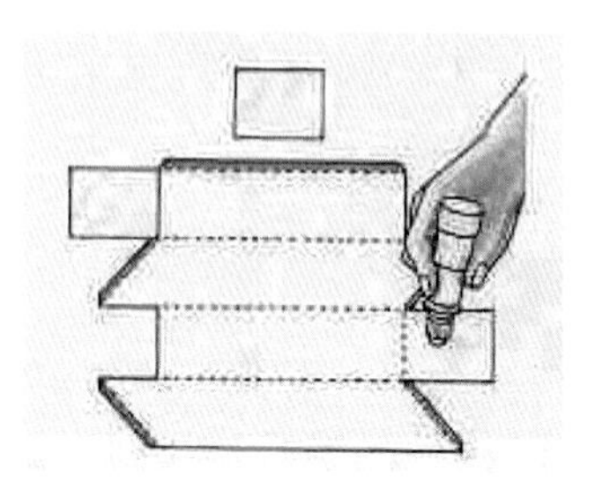

② 크기가 같은 두개의 거울을 붙인다.

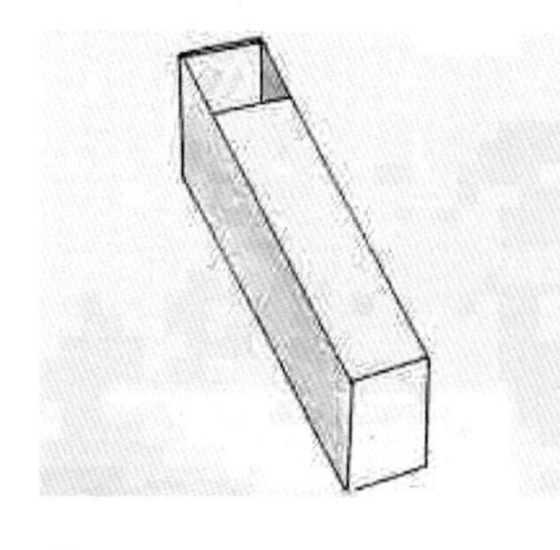

③ 잠망경의 속 부분을 검게 칠한 다음 풀로 붙여서 완성한다.

④ 잠망경의 위 거울을 창 밖으로 향하게 하고 아래 거울을 들여다보면 창 너머의 경치가 보인다.

3) 빛이 잠망경을 통하여 눈으로 들어오는 과정을 나타내어 보자

잠망경으로 물체를 볼 때에는 다음과 같은 과정을 거친다.

물체에서 반사되는 빛→위 거울→아래 거울→눈

4) 잠망경은 빛의 어떠한 성질을 이용한 것인가?

잠망경은 거울에서의 빛의 반사와 공기 중에서의 빛이 직진하는 원리를 이용한 것이다.

5) 잠망경을 왜 사용하나?

잠망경을 이용하여 물 속에 있는 잠수함에서 바다 위의 것을 볼 수 있다.

우선 보이지 않는 높은 창밖의 경치를 관찰할 때에는 잠망경을 사용할 수 있다.

<활동 5>

♡ 무지개 만들기

햇빛에는 과연 색깔이 있을까? 햇빛과 같은 하얀 빛은 하나의 색깔이 아니라 많은 색깔로 구성되어 있다. 빛이 한 물질에서 다른 밀도를 가진 물질로 한 각도 이동할 때마다 빛은 굴절한다. 이를테면 빛의 방향은 변하고 색에 따라 다르게 굴절한다. 보라색이 가장 많이 굴절하고 빨간색이 가장 적게 굴절한다. 그러므로 빛이 프리즘을 빠져나갈 때 다른 색깔들은 약간 다른 방향으로 이동하는데 그것들은 같은 장소에 있는 편평한 표면에 지장을 주지 않는다. 이것이 무지개가 만들어지는 방법이다. 떨어지는 작은 물방울은 프리즘과 같은 효과를 가지고 있다. 결합체에서 모든 색깔은 스펙트럼이라 불려진다.

1. 실험 자료

프리즘, 유리창, 햇빛(날씨가 맑은 날), 편평한 표면

2. 실험 순서

① 햇빛이 통하는 유리창을 고른다. ② 편평한 면에 무지개가 형성되도록 빛을 프리즘을 통해 분산시킨다.

3. 실험 결과

- 빛은 다음과 같은 색깔의 순서로 나타난다. 빨강, 주황, 노랑, 녹색, 파랑, 남색, 그리고 보라색

4. 우리가 반대 방향에 있는 두 개의 프리즘을 함께 놓는다면 어떤 종류의 빛이 나타날까?

5. 프리즘 없이 무지개를 만들 수는 없을까?

6. 보충자료

1) 무지개에 관한 이야기

무지개는 악마의 흰 등, 또는 늑대의 꼬리라 불리기도 했다.

무지개를 가까이서 보았다는 켈트족 신화에서는 무지개가 커다란 뱀의 대가리와 이글거리는 눈을 가지고 있다고 주장한다. 이처럼 끔찍하고 위협적인 모습을 하고 땅으로 내려온 악마가 자신의 한없는 갈증으로 호수의 모든 물을 마신다는 것이다.

무지개의 어두운 면은 일찍이 호메로스 시대부터 지적되어 왔다.

성서에 나오는 무지개는 새로운 질서와 계약을 상징하는 반면, 호메로스의 무지개는 새로운 혼돈과 파멸을 예고하고 있다.

트로이 전쟁을 묘사한 호메로스의 서사시 <일리아드>에서는 신들의 왕 제우스가 아킬레우스의 친구인 파트로클로스의 죽음에 앞서 그리스인들과 트로인들 사이에 다시 싸움이 붙게 하려고 아테네를 보내며, 그 뒤에 모든 사람이 볼 수 있도록 위에 무지개를 펼친다. 이것은 전쟁이나 폭풍을 알리는 제우스의 신화이다. 나중에 제우스는 벼락과 천둥으로 아르고스 시민들을 공포에 몰아넣으며 트로인들에게 승리를 안겨주었다.

무지개의 이중적인 상징은 남아메리카 원주민 종족들 간에도 발견되지만, 거기에는 한 가지 차이점이 있다. 여기서는 무지개의 긍정적인 가치가 새로운 계약이 아니라 분리를 암시한다. 비가 그친다는 예고로서(창세기에는 홍수가 끝났다는 예고임) 무지개는 비에 의해 연결되었던 하늘과 땅을 분리한다는 표시인 것이다.

무지개는 비에서 태어났는데, 그 양쪽 끝은 비를 내리게 만든 두 뱀의 입 속에 각각 걸려있다. 무지개의 출현은 비가 그쳤다는 신호이며, 무지개가 사라지는 것은 두 마리의 뱀

이 하늘로 올라가 그곳에 있는 연못에 숨기 때문이다. 그리고 이 뱀들은 다음번 폭우 때 지상의 물속으로 돌아온다.

오스트레일리아에서도 무지개는 뱀과 연관되어 있으며 이상한 질병을 일으키는 것으로 알려져 있다. 유럽인들이 천연두를 이곳으로 옮겼을 때 원주민들은 이 질병을 "큰 뱀의 비늘"이라고 불렀다. 원주민들의 가장 오래된 토템 중 하나인 오스트레일리아 무지개 뱀은 이像? 상징성을 갖고 있다. 그것은 선인 동시에 악이며, 창조이자 파괴이다. 무지개 뱀은 세상의 탄생에도 참여하고 있다. 일부 전설에서는 무지개 뱀이 큰 강들을 만들었다고 하며, 다른 전설에서는 창조의 힘을 가진 위대한 어머니와 동일시한다.

무지개 뱀의 힘은 간담이 서늘할 정도로 막강해서 사람들은 조심하라는 충고를 받는다. 예를 들면 임신부는 뱀이 물을 마시러 가는 물구멍을 더럽혀서는 안 되며, 소년은 성년으로 들어가는 의식을 치를 때 무지개 뱀에게 유괴당할 수 있으므로 강가에서 물을 마셔서는 안 된다.

오스트레일리아 신들은 하늘에서 수정으로 된 옥좌에 앉아 통치하며, 신화의 영웅들은 무지개를 타고 올라간 신들을 만난다. 무지개를 통하여 하늘로 올라간다는 것은 상징적인 죽음과 부활을 보여주는 주술사들의 의식에서 아주 중요한 대목이다. 해골로 분장한 주술사는 작은 아이 정도로 쇠약해진 환자를 자기 목에 걸쳐놓은 자루 속에 집어넣는다. 그런 뒤에 무지개에 걸터앉아 양손으로 로프를 기어오르는 동작을 하며, 환자를 무지개 끝까지 끌어올린 뒤에 하늘에 내던진다. 그리고 작은 물뱀 몇 마리와 수정 몇 개를 환자의 몸 속에 넣은 뒤에 다시 무지개를 통해 지상으로 환자를 데려온다.

유럽에서는 무지개가 부와 힘을 상징한다.

옛 선원들은 만약 그들의 배가 우연히 무지개의 한 끝을 지나면 그 순간에 배에 물이 차서 빠져죽게 될 것이라고 믿었다. 또한 무지개 밑을 통과한 사람의 성이 바뀔 수 있다는 통설이 르네상스 시대의 희곡과 이야기에 흔히 나타나곤 했다.

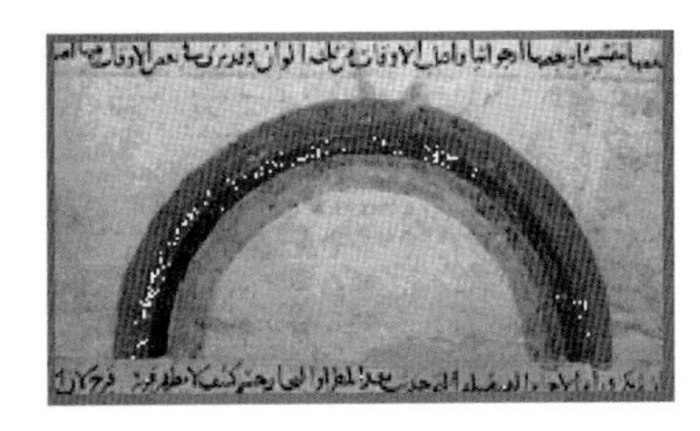

어느 곳에서나 사람이 그 성을 바꾸려면 많은 노력이 필요한데, 소녀들의 경우가 특히 그렇다. 소년으로 변하고 싶은 소녀는 자신이 쓰고 있는 모자를 무지개 위에 던져 올려야 한다.

한편 무지개를 향해 손가락질하는 것을 위험하게 여긴 지방이 많다. 재수가 좋아봐야 손가락에 화상을 입는다고 믿었기 때문이다. 하지만 가장 흔하게 알려져 있는 것은 무지개가 부의 상징인 -금, 은, 진주-를 가져다주는 존재라는 믿음이다.

무지개의 보물을 얻으려는 사람은 무지개의 기둥 끝에 바구니를 대고 있기만 하면 되는 것으로 알려져 있다. 또 무지개의 끝에는 난쟁이 요정들이 숨겨놓은 보물이 있다고 한다.

2) 무지개에도 그림자가 있을까?

무지개 바깥쪽에 희미하게 또 다른 무지개가 나타나는 경우를 흔히 볼 수 있다. 이때 희미한 무지개의 색깔 배열은 뚜렷한 무지개와는 반대가 된다. 말하자면 무지개의 그림자인 셈이다. 그렇다면 어째서 같은 순간 두 가지의 무지개가 생겨나는 것일까?

무지개는 빗방울이 프리즘이 되어 태양광선을 일곱 색깔로 분해하기 때문에 일어나는 현상, 광선이 빗방울에 부딪히면 반사 굴절하게 마련이지만 빛의 색깔에 따라 굴절각도가 다르기 때문에 일곱 색으로 분해 되는 것이다.

뚜렷하게 나타나는 무지개는 광선이 빗방울에 단 한 번 반사되어 나타나는 것이지만 광선이 한 번만 반사하는 것은 아니다.

또 한번만 반사한 빛은 태양광선에 대해 42도 각도를 이루지만 두 번 반사한 빛은 50도 각도가 되는 동시에 분해 된 빛의 색깔도 한 번만 반사한 것의 반대가 된다. 따라서 두 번 반사된 광선은 희미한 모습의 무지개로 나타나 우리에게는 마치 무지개의 그림자처럼 비친다.

또 이 '그림자 무지개'의 경우 일곱 색깔이 아니라 단지 흰색으로만 보이는 것도 있고 빨강과 파랑만 보이는 것도 있다.

<활동 6>

♡ 빛과 열은 무슨 관계가 있나?

볼록 렌즈는 볼록하기 때문에 빛이 렌즈를 통과할 때 굴절한다. 태양빛이 돋보기를 통과할 때 모든 광선은 한 점에서 모이고, 태양 광선은 에너지와 열을 가직 있기 때문에 한 점에서 모인 광선은 종이를 태운다. 렌즈를 통과할 때 광선이 굴절하는 현상은 렌즈의 볼록한 표면 때문에 생기는 밀도차에 의한 것이다. 광선은 에너지의 한 형태이며 돋보기는 이 에너지를 한 점에 모은다. 빛은 에너지의 한 형태이다. 빛의 속도는 초당 약 30만 ㎞의 속도로 여행한다. 태양은 지구로부터 약 1억 5천만 ㎞ 떨어져 있기 때문에 태양 광선이 우리에게 도달하는 데는 약 8분이 걸린다. 빛은 진공 상태에서 가장 빠르다.

1) 실험 재료

돋보기, 종이, 태양

2) 실험 순서

① 태양과 종이 사이에 돋보기를 놓는다.

② 종이에 빛의 가장 작은 초점이 생길 때까지 돋보기를 위 아래로 움직인다.

③ 몇 분 동안 초점을 유지한다.

3) 실험 결과

-종이에 연기가 나기 시작하고 불이 붙는다.

4) 이로서 알 수 있는 것

5) 더 생각해 볼 내용

돋보기는 왜 가운데가 두꺼울까?

돋보기는 왜 물체를 더 크게 보이게 할까?

오목 렌즈는 왜 물체를 더 작게 보이게 할까?

<활동 7>

♡ 감자 싹 틔우기

상자에 칸막이를 해서 빛이 직접 들어가지 못하게 한 후, 작은 화분에 감자를 심고 싹을 틔워 보자. 이 상자를 창가에 두고 며칠에 한 번씩 뚜껑을 열고 싹튼 어린 식물 줄기의 자란 모습을 관찰해 보자.

<활동 8>

♡ 잎이 햇빛을 받지 못하면?

식물이 녹색을 띠는 것은 엽록소라는 성분 때문이다. 이 엽록소는 태양 에너지를, 우리가 보통 글리코겐이라 부르는 화학 에너지로 바꾸어 준다. 이 글리코겐은 녹말이라고 불리는 보다 복잡한 구조 속에 모여 있다. 따라서 식물이 햇빛을 받으면 녹말이 만들어지게 되는 것이다. 그늘 속에서 자라는 식물은 녹말을 만들어 내지 못한다.

우리는 실험을 통해 식물이 햇빛과 반응해서 녹말을 만들어 내는 것을 확인해 볼 수 있다.

1) 실험 재료
적어도 48시간 그늘에 놓아두었던 나뭇잎, 검은 종이 약간, 클립, 냄비, 저장용병, 메탄올(약국에서 쉽게 구할 수 있는 것으로, 흔히 메틸알코올이라고 부릅니다), 요오드 용액

2) 실험 순서
① 잎이 넓은 나뭇잎을 48시간 동안 그늘 속에 놓아둔 후, 그 일부를 햇볕에 갖다 놓아 본다.
② 그늘에서 잎을 꺼내, 잎의 일부분을 검은 종이로 덮어 클립으로 고정시키고 그것을

5~6시간 동안 햇볕에 놓아둔다.

③ 검은 종이를 벗겨 내고, 끓는 물에 약 3분 동안 담가 둔다. 이 단계에서는 매우 위험하므로 어른의 도움이 꼭 필요하다.

④ 잎을 물에서 꺼내 다시 메틸알코올이 들어 있는 그릇 속에 넣는다. 잎이 탈색되도록 뜨거운 알코올에 5분정도 담가 둔다.

⑤ 그리고 그 잎을 물 한 컵과 한 숟가락 정도의 요오드가 들어 있는 접시에 담근다.

3) 실험 결과

녹말은 요오드 용액 속에서 남청색을 띠게 된다. 요오드는 녹말은 검게 만든다. 따라서 빛을 차단시킨 검은 종이는, 귀중한 에너지를 만들지 못하게 방해를 한 것이다.

<활동 9>

♡ 식물은 햇빛을 받으면 산소를 내뿜는다?

큰 수조에 물을 넣고 깔때기 속에 물풀을 덮어씌운 후, 깔때기 위를 시험관으로 막는다. 이 장치를 햇빛이 비치는 곳에 놓아두면 시험관 속으로 기체가 올라가게 된다. 시험관에 모여진 기체에 성냥불똥을 대어 본다. 이 기체는 무엇인가?

<활동 10>

♡ 해시계 만들기

1. 해시계 만들기

① 판지에 커다란 원을 그리고, 동서남북의 방향을 표시한다.

② 방향을 표시한 판지를 널빤지 위에 고정시킨다.

③ 동서남북의 교차점에 막대를 세운다.

④ 널빤지를 수평이 되게 하고, 가운데의 막대를 수직으로 세워 햇빛이 잘 드는 곳에 놓는다.

⑤ 매 시각마다 그림자의 방향에 선을 긋고 시각을 표시한다.

⑥ 해시계가 완성되면 그 이튿날에는 해시계로 시각을 측정하고 측정한 시각이 정확한지 확인한다.

나. 연날리기

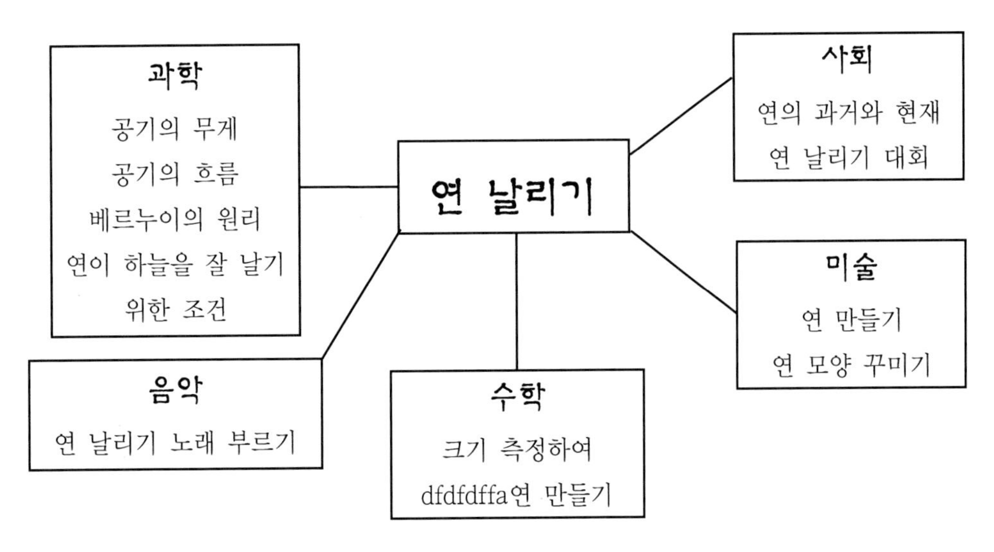

〈그림 X-2〉 '연날리기' 단원의 관련영역 및 학습요소

<활동 1>

♠ 공기는 무게를 가지고 있을까?

◎ 준비물: 저울, 공(비치볼, 농구공, 탱탱볼 등), 공기 펌프

조별로 가지고 있는 공의 바람을 빼자. 공의 무게를 측정하여 기록하여 보자. 공에 공기 펌프를 이용하거나 입으로 공기를 불어 넣어 보자. 공기가 가득 찬 공의 무게를 측정하여 기록하여 보자. 공기가 가득 찬 공의 무게에서 공기가 빠진 공의 무게를 빼보자. 얼마나 차이가 있을까? 만약 무게의 차이가 있다면 그것이 바로 공기의 무게가 되는 것이다.

① 공기가 가득 찬 공의 무게:

② 공기가 들어 있지 않은 공의 무게:

③ 공에 들어 있는 공기의 무게:

④ 공기는 무게를 가지고 있을까?

<활동 2>

♠ 공기가 물체를 천천히 떨어지게 할 수 있을까?

◎ 준비물: 초시계, 큰 스티로폼 공, 중간 크기의 스티로폼 공, 작은 공

건물의 3층이나 4층 창가에서 스티로폼 공을 가지고 실험해 보자. 각각 크기가 다른 공을 가지고 한 사람이 세 번씩 떨어뜨려 보자. 다른 한 사람은 각각의 공이 바닥에 떨어지는 데 걸리는 시간을 측정해 보자. 아래 표에 결과를 기록해 보자. 관찰과 기록된 결과를 바탕으로 질문에 답 해 보자.

	큰 공	중간 공	작은 공
처음 떨어뜨렸을 때 걸린 시간			
두 번째 떨어뜨렸을 때 걸린 시간			
세 번째 떨어뜨렸을 때 걸린 시간			
평균 걸린 시간			

공이 떨어진 순서를 써 보자. 왜 그런지 기압과 관련해서 답 해 보자.

____

____

____

♠ 공기는 다른 모양의 물체 주위를 어떻게 흘러갈까?

◎ 준비물: 양초, 종이, 테이프

오른쪽 그림처럼 양초와 종이를 설치해 보자. 그림에서와 같은 방향으로 바람을 불어보자. 각각의 상황에서 양초의 불꽃에 어떤 일이 일어나는가? 관찰 결과를 설명하고 기록해 보자.

<활동 3>

♠ 베르누이의 원리

◎ 준비물: 탁구공, 실 45cm, 3×30cm 종이

탁구공에 45cm 의 실을 붙인다. 실의 끝을 잡고, 탁구공을 흐르는 물에 놓아 보자. 실을 잡고 있는 손을 천천히 화살표 방향으로 움직인다. 무슨 일이 일어나는가? 왜 그럴까? 관찰 결과를 기록해 보자.

3×30cm 정도 되는 종이의 끝을 잡고 오른쪽 그림처럼 입에 가까이 가져가 바람을 불어 보자. 어떤 일이 일어나는가? 왜 그럴까? 관찰 결과를 기록해 보자.

<활동 4>

♠ 연의 과거와 현재

◎ 준비물: 학습지, 백과사전이나 인터넷 자료 등 연과 관련된 자료

1. 우리나라에서 처음 연을 날리게 된 유래를 조사해 보자.

2. 우리나라 전통 연의 종류를 조사해 보고 사진을 찾아 붙여보자.

3. 하늘을 날기 위해 사람들이 연을 어떻게 이용해 왔는지 조사해 보자.

4. 날씨 예보를 위해 연이 어떻게 사용되고 있는지 알아보자.

<활동 5>

♠ '연 날리기' 노래를 불러 보자.

◎ 준비물: '연 날리기' 악보 (4학년 음악책)

연을 날릴 때 기분을 생각하며 '연 날리기' 노래를 신나게 불러 보자.

〈'연 날리기' 가사 적기〉

<활동 6>

♠ 연 만들기

◎ 준비물: 한지 또는 비닐, 실, 대나무 또는 플라스틱 살, 풀, 가위, 얼레, 자, 색연필 또는 물감 등 자신이 계획한 연에 필요한 재료 들

1. 어떤 모양의 연을 만들고 싶은가? 또, 그런 모양의 연을 만들고 싶은 이유는 무엇인가?

2. 만들려고 하는 연에 필요한 재료를 적어 보자.

3. 만들려고 하는 연의 모양을 그려보자.

4. 연을 어떻게 오래 날게 할 것인지 방법을 적어 보자.

5. 준비된 자료를 가지고 가장 멀리, 오랫동안 날 수 있는 멋진 연을 만들어 보자. 나만의 개성이 드러나는 멋진 연이 되도록 꾸며 보자.

<활동 7>

♠ 신나는 연 날리기 대회

내가 만든 연을 신나게 날려 보자. 친구들과 함께 가장 멋지게 나는 연을 찾아보자.

1. 모양이 가장 예쁜 연: ____________________

2. 가장 높이 나는 연: ____________________

3. 가장 오랫동안 나는 연: ____________________

4. 가장 멀리 날아가는 연: ____________________

5. 상을 주고 싶은 최고의 연: ____________________

내가 만든 연이 멋지게 날았나요? 만약 그렇지 않다면 그 이유를 생각해 보고, 잘 날 수 있게 하는 방법을 생각해 적어 보자.

____

____

____

____

다. 음식

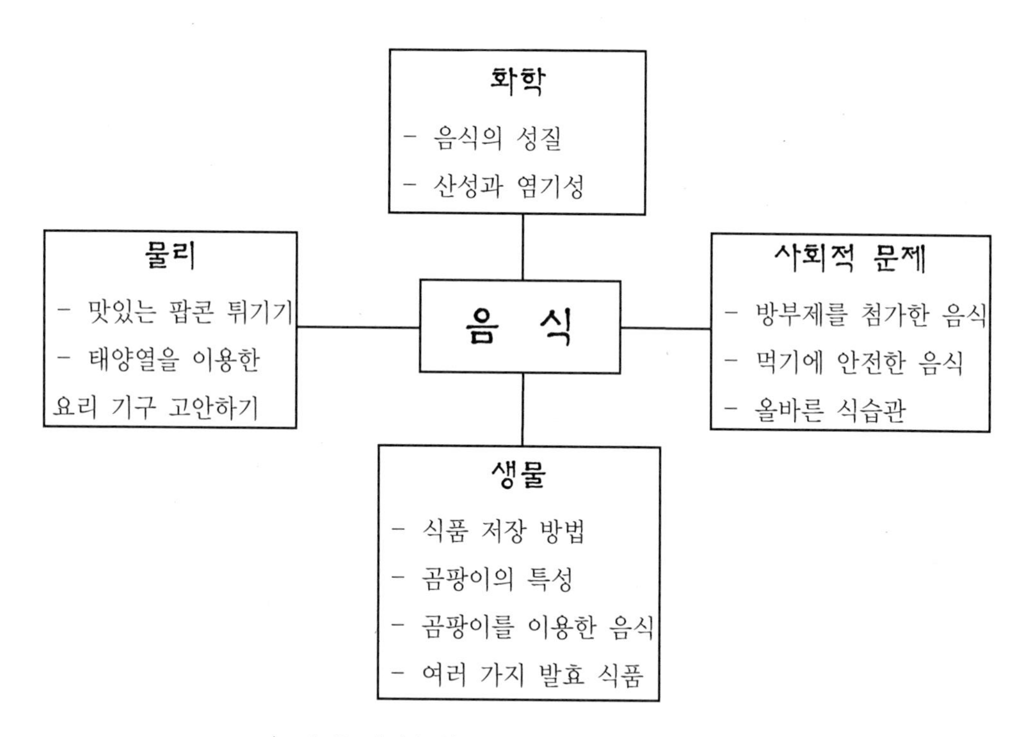

〈그림 X-3〉 '음식' 단원의 관련영역 및 학습요소

<활동 1>

♠ 산성과 알칼리성 음식

◎ 준비물: 여러 가지 음식물, 리트머스지

방송에서 알칼리성 식품이 몸에 좋다는 말을 자주 듣게 된다. 그런데 산성과 알칼리성 식품은 어떻게 구분할 수 있을까? 산성 식품은 태우면 유화인 염소 성분의 재가 남고, 알칼리성 식품은 나트륨과 칼슘, 칼륨, 마그네슘 성분이 남는다고 한다. 식품별로는 육류와 곡류가 산성이고, 야채와 과일 해조류 등이 알칼리성이다.

좋아하는 음식과 싫어하는 음식의 성질을 알아보자.

음식명		성질에 따른 구분				비고
		산성/알칼리	맛			
좋아하는 음식						
싫어하는 음식						

<활동 2>

♠ 곰팡이

◎ 준비물: 식빵 4장, 옥수수 대, 샤알레, 검은 종이, 비닐

먹다가 남은 식빵을 며칠 후에 보면 곰팡이가 피어있는 것을 볼 수 있다. 곰팡이가 잘 생기는 조건을 알아보고, 음식을 보관할 때 어떻게 해야 할지 생각해 보자.

1. 식빵을 다양한 조건으로 샤알레에 놓아두고 3-4일 후에 결과를 관찰하여 기록해 보자.

조건	관찰 결과
☆ 식빵에 물을 적셔 그늘에 둔 것	
☆ 식빵에 물을 적셔 햇볕에 둔 것	
☆ 식빵을 비닐봉지에 넣어 그늘에 둔 것	
☆ 식빵을 비닐봉지에 넣어 햇볕에 둔 것	
☆	
☆	

2. 관찰 결과를 보고, 곰팡이가 잘 생기기 위해 필요한 조건을 써 보자.

3. 곰팡이가 피지 않도록 음식을 잘 보관하기 위해 우리가 조치할 수 있는 방법을 생각하여 적어보자.

<활동 3>

♠ 이로운 곰팡이

◎ 준비물: 백과사전, 인터넷 자료 등

맛있는 음식을 먹지 못하게 만드는 곰팡이지만 우리에게 도움이 되는 경우도 있지요. 우리에게 도움을 주는 곰팡이는 어떤 종류가 있고, 어떻게 도움을 주는지 알아봅시다.

1. 페니실린의 재료가 되는 푸른곰팡이에 대해 조사해봅시다.

2. 술을 빚는 데 이용되는 누룩에 대해 알아봅시다.

3. 그 외 우리에게 이로운 곰팡이에 대해 조사해 봅시다.

<활동 4>

♠ 나박김치 담그기

◎ 준비물: 큰 그릇(항아리), 칼, 도마, 무 1개, 배추속대, 오이 1개, 미나리 1/4단, 붉은 고추, 굵은 파, 마늘, 생강, 소금1/2컵, 고춧가루 2큰술, 굵은 소금 4큰술

우리 조상들은 추운 겨울철에도 채소를 먹기 위해 여러 가지 방법으로 채소를 저장해 왔다. 김치나 여러 종류의 장아찌처럼 소금에 절이는 방법도 있고, 무말랭이처럼 햇볕에 말리는 방법도 있다. 우리 조상들이 식품을 저장하기 위해 사용한 방법을 알아보고, 우리도 우리 손으로 시원한 나박김치를 담궈 보자.

1. 무와 오이는 3cm 두께로 납작하게 나박썰기하고, 배추속대는 길게 반을 갈라 무 크기로 썬 다음 각각 굵은 소금을 뿌려 절였다가 찬물에 헹구어 물기를 꼭 짠다.

2. 미나리는 잎을 떼어 3cm 길이로 썰고, 파는 흰 부분만 3cm 길이로 채 썬다. 붉은 고추도 반 갈라 씨를 빼서 3cm 길이로 채 썰고, 마늘과 생강도 곱게 채 썬다.

3. 준비된 무, 배추, 오이에 미나리, 붉은 고추채, 파채, 생강채, 마늘채를 넣고 버무려 항아리에 담는다.

4. 고춧가루를 거즈에 싸서 소금물에 흔들어 고춧물을 들여서 김치 국물을 만들어 항아리에 붓고 서늘한 곳에 두어 익힌다.

안전!! 김치 담그기를 하는 동안 칼을 주의해서 사용하자!!

<활동 5>

♠ 맛있는 팝콘 튀기기

◎ 준비물: 옥수수, 뚜껑 있는 그릇, 전자레인지, 버터, 소금

뻥튀기는 쌀에 비하여 엄청나게 부피가 크다. 어떤 방법으로 이렇게 크게 만든 것일까? 실제로 팝콘을 튀겨 보고 그 원리를 알아보자.

1. 그릇에 팝콘용 옥수수와 버터, 소금을 넣고 뚜껑을 덮는다. 또는 종이 봉지에 넣어 윗부분을 접는다.

2. 전자레인지에 그릇을 넣고 약 1분간 작동시킨다.

3. 한 발짝 뒤로 물러서서 전자레인지 안의 변화를 살펴본다.

4. 전자레인지의 작동이 끝나면 팝콘을 꺼내서 옥수수의 변화를 살펴본다.

5. 전자레인지가 작동하는 동안 어떤 변화가 있었는가?

6. 가열이 끝난 후에는 어떤 변화가 있었는가?

7. 뻥튀기나 팝콘이 크게 부풀어 오른 이유가 무엇이라고 생각하는가? 그 원리를 알아보자.

8. 우리가 즐겨먹는 쵸코파이 속의 크림을 2배로 크게 해서 먹는 방법을 생각해 보고, 실제로 실험해 보자.

<활동 6>

♠ 태양열 레인지

◎ 준비물:

아주 더운 여름에 태양열로 뜨거워진 아스팔트 위에 달걀을 깨뜨려 놓으면 달걀부침이 되어버린다. 이렇게 뜨거운 태양열을 이용하여 요리 기구를 만들 수는 없을까? 실용적이고 간편한 태양열 요리 기구를 만들어 보자.

1. 태양열을 모을 수 있는 방법을 고안해 보자.

2. 요리를 만들 때 필요한 기능을 생각해 보자.

3. 태양열 요리 기구의 전체적인 모습을 스케치 해 보자.

4. 태양열 요리 기구를 만드는 데 필요한 도구들을 생각해 보고, 간단하게 제작해 보자.

라. 물체가 지나간 자리를 표시해 볼까요?

어느 맑은 날, 하늘에서 쌩- 하는 소리가 들렸습니다. 방에서 스타크레프트 게임을 하고 있던 철수가 이 소리를 듣고, 궁금해서 하늘을 바라보았습니다. 하늘에는 전투기가 자로 그은 듯이 흰 직선을 그으며 쏜살같이 날아가고 있었습니다. 철수는 혼자 보기에 아까운 나머지 옆집에 사는 친구 미희에게도 보여 주고 싶었습니다. 그래서 미희네 집으로 달려가 이 소식을 전하고, 미희와 함께 밖으로 나와 하늘을 바라보았습니다. 그런데, 조금 전에 그어진 흰 직선은 누가 금방 지우개로 지우기라도 한 듯이 사라져 버리고 구름 밖에 보이지 않았습니다. 철수는 미희에게 미안한 마음을 가지며, 방으로 들어왔습니다. 철수는 멍하니 하늘을 바라보면서 '전투기가 지나간 자리를 표시하는 방법은 없을까?' 하며 혼자말로 중얼거렸습니다.

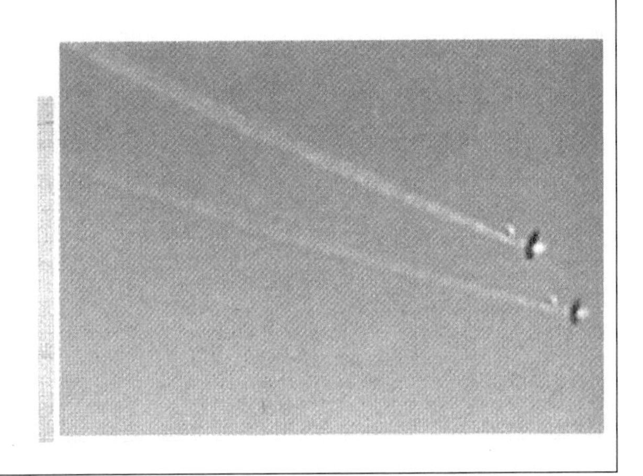

______초등학교 5 학년 _____반 _____번

이름: _______ 모둠명: ______

■ 학습할 내용

여러분은 이 활동을 통하여

· 물체가 지나간 자리를 표시하는 다양한 방법을 말할 수 있어야 합니다.
· 하루 동안 태양이 어떻게 움직여 가는지 실험을 통해 확인할 수 있어야 합니다.
· 모둠원들이 협동하며, 활동할 수 있어야 합니다.

1. 물체가 지나간 자리가 남는 경우와 남지 않는 경우를 적어 봅시다.

물체가 지나간 자리가 남는 경우	
물체가 지나간 자리가 남지 않는 경우	

2. 물체가 지나간 길을 어떻게 나타낼 수 있는지 생각해 봅시다.

	물체가 지나간 길을 어떻게 나타낼 수 있을까?
물체가 지나간 자리가 남는 경우	
물체가 지나간 자리가 남지 않는 경우	

3. 다음 약도를 보고, 생각해 봅시다.

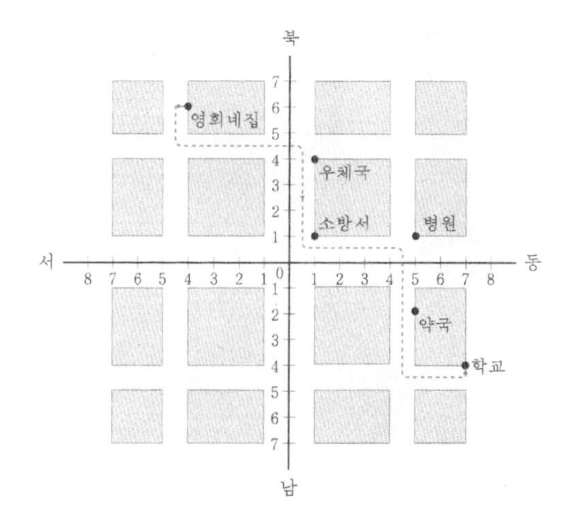

① 영희가 학교까지 오면서 지나온 건물들을 차례대로 적어 봅시다.

영희네 집 → → → → → 학교

▶ 무엇을 보고, 지나온 건물들을 알 수 있었나요?

② 영희가 학교까지 오면서 지나온 건물의 위치를 방위로 나타내 봅시다.

건물	위치	물체	위치
영희네 집	( )	병원	( )
우체국	( )	약국	( )
소방서	( )	학교	( )

③ 영희가 학교까지 오면서 지나온 건물들을 방위 순서대로 적어 봅시다.

(,)→(,)→(,)→(,)→(,)→(,)

4. 모둠별로 물체가 지나간 자리를 표시하는 방법을 모두 이야기해 봅시다.

5. 하루 동안 태양이 어떻게 움직여 가는지 알아봅시다.

① 하루 동안 태양이 움직여 가는 길을 어떻게 나타낼 수 있는지 브레인스토밍해 봅시다.

브레인스토밍 기록지

날 짜: 년 월 일

사회자:

기록자:

토의자:

브레인스토밍 주제: 하루 동안 태양이 움직여 가는 길을 어떻게 나타낼 수 있을까?

아이디어(아이디어를 낸 사람)

아이디어	이름
①	
②	
③	
④	
⑤	
⑥	
⑦	
⑧	
⑨	
⑩	

▶ 브레인스토밍하여 나온 아이디어 중 하나를 골라 실험을 하려고 합니다. 누구의 방법이 좋은지 빈칸에 아이디어를 낸 사람의 이름을 써 봅시다.

정도 / 평가 기준	상	중	하
해결방법이 독특한가?			
실험이 가능한가?			

② 위에서 선택한 방법을 가지고, 실험 계획을 세워 봅시다.

▶ 도와줄 사람은 누구누구이고, 그들의 역할은?

▶ 필요한 자료는 무엇인가요?

▶ 시간 계획은 어떻게 해야 할까요?

▶ 가장 좋은 장소는 어디인가요?

▶ 주의할 점이나 문제점은 없나요? 있다면, 어떻게 해결해야 할까요?

③ 계획한 대로 실험을 해 봅시다.

④ 실험 결과를 토의해 봅시다.

▶ 실험 결과는?

▶ 실험을 통해서 알게 된 점은?

▶ 더 알고 싶은 점은?

※ 오늘의 활동이 어떠했는지 생각해 봅시다.

● 나의 활동은 어떠했는지 간단히 써 봅시다(잘한 점, 노력해야 할 점 등).

◎ 우리 모둠의 활동은 어떠했는지 간단히 써 봅시다(잘한 점, 노력해야 할 점 등).

■ 다른 모둠의 활동은 어떠했는지 간단히 써 봅시다(잘한 점, 노력해야 할 점 등).

▶ 선생님 말씀

마. 환경오염 - 수질오염

오염된 물을 어떻게 할 것인가?

여러분은 맑은 시냇물에서 물고기도 잡고 수영도 하면서 물놀이를 즐겨 본 적이 있습니까? 옛날에는 맑고 깨끗했는데 지금은 악취가 나는 더러운 물로 바뀐 곳이 많이 있습니다. 또한 몇 년 전까지만 해도 물을 사서 마신다는 것은 생각도 하지 못하였는데 물을 사서 마시는 것이 당연한 일처럼 되어 버렸고, 지금은 각 가정이나 학교마다 정수기를 설치하고 있습니다. 왜 그렇게 되었을까요? 수돗물을 그냥 마시게 될 수는 없는 것일까요? 이웃나라 일본에서도 20여 년 전에는 우리와 같은 현상이 있었답니다. 그러나 지금은 수돗물을 그냥 식수로 이용하는 사람이 많아졌다고 합니다. 어떻게 하면 그렇게 될 수 있을까요? 우리 같이 생각해 보기로 합시다.

________________ 초등학교

____ 학년 ____반 ____번 이름 ______

〔모둠명〕 ______________

▣ 학습할 내용

☞ 여러분은 이 단원의 활동을 통하여,

1. 물의 중요성을 알고, 물이 오염되었다는 것이 무엇인지 알아야 합니다.
2. 모둠원과의 토의를 거쳐 물 오염에 대한 학습 계획을 세울 수 있어야 합니다.
3. 개개인의 능력에 맞도록 역할을 분담하고, 협동하여 물이 오염된 곳을 현장조사할 수 있어야 합니다.
4. 오염된 물의 성질과 변화에 대해서 알아볼 수 있어야 합니다.
5. 물이 오염된 정도를 알아볼 수 있는 방법을 구상하여 실천하고, 그 결과를 다른 사람에게 효과적으로 보여줄 수 있어야 합니다.
6. 다양한 방법과 자료를 이용하여 물을 오염시키는 원인을 조사할 수 있어야 합니다.
7. 오염된 물이 생물에게 주는 피해 및 그 피해를 줄일 수 있는 방법을 알고, 실천할 수 있어야 합니다.

◑ 물 오염에 대해 어떻게 알아볼까?

지구상에 물은 많아도 우리가 마실 수 있는 물은 3% 정도라고 합니다. 그런데 그러한 물조차 많은 요인에 의해 오염되고 있습니다.

1. 물이 쓰이는 곳을 10가지 이상 적고, 물이 중요한 이유를 생각해 기록해 봅시다.

2. 물이 더러워지면 우리 생활에 어떤 피해가 있을까요?

3. 우리 주변에 오염된 물이 있는 곳은 어디일까 적어봅시다.

4. 물 오염에 대한 활동 계획 세우기

― 오염된 물의 상태 및 변화 모습, 생물에게 주는 피해를 알아보고, 물이 오염되는 원인을 조사하여 물을 깨끗이 할 수 있는 방법 등에 대해 알아볼 수 있는 구체적인 계획을 세워봅시다.

2쪽의 학습할 내용과 뒤의 활동지를 참고하여 모둠원과 토의한 후, 이 문제를 해결하기 위해 자기가 하고 싶은 방법으로 자기만의 독특한 활동 계획을 세워봅시다.

☞ 준비물

☞ 협력하여 토의한 내용

☞ 나의 계획 — 토의한 내용을 참고로 나만의 계획을 세워 기록합시다.

※계획한대로 활동을 하면서 수시로 계획을 수정할 수 있습니다.

♥ 오늘의 자신은? 토의에 적극 참여하였나? 스스로 계획을 세웠나? 자신의 계획에 대한 느낌은?

◑ 오염된 물의 성질과 변화하는 모습을 알아보자

오염된 물의 성질은 어떠하며 시간이 흐름에 따라 어떻게 변화할까요? 오염된 물의 성질 및 변화과정을 알아보기 위해서 어떤 활동을 할 것인지 야외활동 및 실내활동 계획을 세워 실천하고, 그 결과를 다양한 방법으로 기록해 봅시다.

1. 활동 과제명 (우리 모둠이 활동할 과제를 기록해 봅시다.):

____

2. 우리 모둠의 과제를 해결하기 위해 어떻게 활동할 것인지 구체적인 계획을 세워 봅시다.

☞ 활동한 날짜 및 시간:

☞ 활동 장소:

☞ 참가자 및 역할:

☞ 필요한 도구 및 준비물:

☞ 관찰할 내용:

☞ 활동 내용:

3. 지금까지 활동한 것을 상기하며 '물이 오염되었다'는 것을 무엇이라 할 수 있는지 적어봅시다. 또한 어떠한 과정을 거쳐 알아보았는지도 기록해 봅시다.

4. 활동 결과를 친구들에게 쉽게 보여줄 수 있는 방법을 기록해 봅시다.(별지를 붙이거나 첨가물을 첨부해도 좋습니다)

♥ 오늘의 활동을 돌이켜보고, 감상을 적어 봅시다.

☞생각할 점

· 모둠별 협동심은 어떠했나?

· 새롭게 알게 된 것에 대한 느낌은?

· 결과에 대한 친구들의 반응은?

6학년 2학기 단원1. 환경오염과 자연보존 〔자기평가지〕

오염된 물을 어떻게 할 것인가?

◑ 오염된 물의 성질과 변화하는 모습을 알아보자

☞나의 활동을 돌이켜보고 해당되는 곳에 ∨표 하세요.

생각해 볼 내용	충분함	보통임	노력요
1. 오염된 물의 변화 과정 알아보는 방법을 독특하게 설계하였다고 생각한다.			
2. 준비물을 빠뜨리지 않고 준비하였다.			
3. 오염된 물의 변화 과정 알아보는 실험 설계를 자신 있게 하였다.			
4. 가설설정과 변인통제를 스스로 하였다.			
5. 가설검증 계획을 바르게 세웠다고 생각한다.			
6. 오염된 물의 변화하는 모습을 매일 같은 시간에 시간을 지켜 관찰하였다.			
7. 관찰 내용을 자세하게 기록하였다.			
8. 관찰 결과 기록 시 사진이나 그림 등을 첨부하였다.			
9. 활동 내용이 흥미로웠다.			
10. 모둠원과 잘 협력하였다고 생각한다.			

▶ 기억에 남는 일이 있으면 적어보세요.

6학년 2학기 단원1. 환경오염과 자연보존 [동료평가지－모둠원내]

오염된 물을 어떻게 할 것인가?

◑ 오염된 물의 성질과 변화하는 모습을 알아보자

☞친구들은 얼마나 열심히 활동하였나? 해당되는 친구의 이름을 모두 적어보세요.

생각해 볼 내용	친구 이름
1. 오염된 물을 찾아 야외 활동을 계획하는 데 의견을 많이 낸 친구는?	
2. 야외활동에 적극적으로 참여한 친구는 누구입니까?	
3. 모둠원의 활동에 협조적이었던 친구의 이름을 적어보세요.	
4. 실험 결과의 고찰 시, 남이 생각하지 못한 것을 찾아 낸 친구는 누구입니까?	
5. 관찰하는 자세가 바르다고 느낀 친구가 있으면 적어보세요.	
6. 관찰이나 실험결과에서 알게 된 것을 많이 제시한 친구는 누구입니까?	
▶ 친구들의 활동 모습에서 배울 점이 있었다면 무엇인지 적어보세요. (친구 이름을 적어도 좋습니다)	

6학년 2학기 단원1. 환경오염과 자연보존 〔동료평가지－모둠상호간〕

오염된 물을 어떻게 할 것인가?

◑ 오염된 물의 성질과 변화하는 모습을 알아보자

☞친구들은 얼마나 열심히 활동하였나? 해당되는 모둠명을 모두 적어보세요.

생각해 볼 내용	모둠명
1. 모둠원의 단합이 잘 되고 있다고 느낀 모둠은?	
2. 모둠원의 역할 분담이 잘 되어있다고 생각된 모둠은?	
3. 모둠원 사이에 따돌려지는 친구가 있다고 느낀 모둠이 있으면 적고, 그 친구 이름을 적어보세요.	
4. 배울 점이 있는 모둠이 있으면 적고, 그 내용을 적어보세요.	
4. 여러 가지 궁리하여 실험한 모둠은 어느 모둠이었습니까? 그 모둠명과 어떤 점인지도 적어보세요.	

6학년 2학기 단원1. 환경오염과 자연보존 〔학부모평가지〕

오염된 물을 어떻게 할 것인가?

◑ 오염된 물의 성질과 변화하는 모습을 알아보자

6학년___반___번 학생명__________ 〔학부모명〕 __________(인)

"귀 자녀의 성장하는 과정을 격려하고 도움을 주기 위하여 학부모님의 고견을 듣고자 합니다. **오염된 물을 찾아 견학하는 활동과 물이 오염되는 원인을 찾는** 자녀의 활동을 기록물과 함께 보시고, 다음의 양식에 ✓표 하거나 구체적으로 기록해 주시길 부탁드립니다."

항목	충분함	보통임	노력요
1. 자녀가 오염된 물을 찾아 견학하는 활동에 어느 정도 흥미를 가지고 있다고 생각하십니까?			
2. 견학활동을 위한 준비물을 자녀 스스로 준비하였다고 보십니까?			
3. 물이 오염되는 원인을 찾는 데 자녀가 얼마나 열심히 노력했다고 생각하십니까?			
4. 물 오염과 관련된 일상생활에서의 현상에 어느 정도의 관심을 자녀가 나타내고 있습니까?			
5. 자녀의 활동 결과에 만족하십니까?			
▶ 그 밖에 자녀의 활동과 관련하여 말하고 싶은 의견이 있으시면 써 주십시오.			

◑ 오염된 물이 생물에게 주는 피해는?

물 오염에 의해 인간에게 생긴 심각한 병으로 '미나마따병'이나 '이따이이따이병'이 널리 알려져 있습니다. '이따이'는 아프다는 일본어로 이 병에 걸리면 몸이 견딜 수 없을 정도로 몹시 아프다고 하는 데서 붙여진 병명입니다.

오염된 물은 사람을 포함한 생물에게 얼마나 심각한 피해를 주는지 알아봅시다.

1. 오염된 물이 생물에게 주는 피해에 대해 교과서 9쪽을 참고로 실험 설계를 하여 실험하고, 실험활동 보고서에 기록해 봅시다.

2. 그 밖에 오염된 물이 주는 피해에는 어떠한 것들이 있을까? 다양한 자료를 조사하여 다른 사람에게 물의 오염이 주는 피해를 효과적으로 전달할 수 있도록 제시해 봅시다.

(신문기사, 잡지, 사진 자료 등의 스크랩뿐만 아니라, VTR, 인터넷, 영화, 에니메이션 등 동영상 자료도 사용할 수 있으며, 게임과 역할놀이 등을 통해 보여주어도 좋습니다)

♥ 자신의 활동에 대한 느낌과 배울 점이 있는 친구의 이름과 그 이유를 적어 봅시다.

실험활동 보고서

월 일

① 활동 과제:

② 준비물:

③ 실험 방법 (그림이나 표로 실험 계획을 자세히 세우시오)

④ 모둠원의 역할:

⑤ 유의점:

⑥ 실험 결과:

⑦ 알게 된 사실 (2번의 활동을 하고 난 후 보충해도 좋습니다):

◑ 물의 오염을 막는 방법을 생각해 보자

오염된 물이 주는 피해에 대하여 어떻게 느꼈습니까? 하루 빨리 물이 오염되는 것을 방지하여야겠다는 생각이 들지 않았습니까? 여기에서는 물이 이용되는 것과 관련하여 물이 오염되는 원인을 구분하여 알아보고(생활하수, 공장폐수, 그 밖의 경우 등) 물의 오염을 줄이기 위한 방법과 물을 보존하기 위한 방법에 대해 진지하게 생각해 보기로 하겠습니다.

1. 다음 지도의 말주머니에 물이 오염되는 원인을 물의 용도와 관련지어 간단히 기록해 봅시다. ※모든 것을 약화로 표현하고, 물길을 낼 것임. 작게 말주머니 붙이기.

댐(수원지)

목장

논, 밭

유원지

공장

병원

대중음식점

주유소

세차장

가정

2. 1에서 정리한 내용을 발표해 봅시다.

3. 물의 오염원을 마인드맵으로 정리해 봅시다.(먼저 다음의 내용을 읽고 마인드맵 작성법에 대한 공부를 한 후 시작합니다.)

▶ 마인드맵(Mind map)이란?

· 작성 방법 및 유의점

물의

오염원

(수도꼭지에서 떨어지는 물방울의 모양으로 표현)

4. 물의 오염을 막는 방법을 브레인스토밍으로 알아봅시다.(모둠별로)

▶ 브레인스토밍(Brainstorming)이란?

짧은 시간 동안 어떤 문제에 대해서 다양한 아이디어를 얻을 수 있는 간단한 방법으로, 형식에 구애됨이 없이 생각나는 대로 각자의 의견을 제시하는 것이다.

보통 3~15명이 모여 20~40분간 하나의 문제에 대해 토의한다.

· 지켜야 할 규칙

1. 의장과 서기를 지명한다.
2. 의장은 문제와 구해야 할 답의 종류를 제시하고, 질서를 유지하며 의논이 문제로부터 너무 빗나가지 않도록 하며, 모든 제안을 기록하게 한다.
3. 전혀 엉뚱하거나 뜻밖의 아이디어라도 환영하고, 그것으로부터 새로운 사고의 발전이 이루어지도록 노력한다.
4. 서로 평가나 비평을 하지 않는다.
5. 참가자들이 피로하고 지쳐서 의논이 더 이상 지속될 수 없게 되기 전에 끝낸다.
6. 필요에 따라 제출된 아이디어를 가지고 두 번째 회합을 열어, 유효한 아이디어를 선정하고 다듬는다.

☞ 물의 오염을 막는 방법

5. 여러분이 수자원공사의 사장(또는 환경부장관)이라면 물 자원 보호를 위해 어떠한 일을 할 것인가 생각해 봅시다. 물의 오염방지를 계몽하는 홍보물을 보내는 것도 그 중의 한 가지 일이겠지요? 자 어떻게 작성하면 각처의 사람들이 물 보존의 필요성을 절실하게 느끼고 꼭 실천하려는 마음을 가지게 될까 궁리해 봅시다.

(1) 보낼 곳 정하기와 모둠원의 역할 분담

(2) 내가 보낼 곳은? (   )

(3) 어떻게 만들 것인가? 다음 쪽에 다양하고 기발한 방법으로 작성해 봅시다.

♥ 감상 (이 활동을 다시 생각해 보고 잘된 점과 반성할 점을 적어봅시다)

바. 환경오염-대기오염

공기오염을 어떻게 막을 수 있을까?

'오조니'의 가족은 여름방학에 해수욕장으로 피서를 갔습니다. 수영복 차림으로 햇빛과 물놀이를 즐기는 사람들 모습이 무척 밝아 보였습니다. 해변에는 일광욕을 하는 사람들도 많이 눈에 띄었습니다. '오조니'도 까맣게 살결을 태우고 싶었기 때문에 온몸에 오일을 바르고, 다른 사람들처럼 누워있어 보았습니다. 그런데, 너무 뜨거워서 견딜 수가 없었어요. 1시간도 채 못돼서 그냥 포기하고 말았습니다. 하지만 엄마는 끝까지 누워있었지요. 3시간쯤 지나자 썬텐을 마친 엄마는 고통을 호소했습니다. 까맣게 타기는 했는데 살갗이 벗겨지고 빨간 것이 징그럽기까지 했어요. 엄마는 너무 아파했습니다. 그날 저녁 숙소에 돌아가 뉴스를 듣다 보니 마침 썬텐을 하는 것은 피부에 좋지 않으니 삼가 달라는 아나운서의 말이 들렸습니다. 또, 백인들이 사는 외국에서는 일광욕을 하고 피부암에 걸리는 사람이 많아지고 있다는 것이었습니다. 이것이 모두 공기오염이 너무 심해져서 생기는 일이라는군요. '오조니'는 집에 돌아가면 이것이 공기오염과 어떤 관계가 있는지, 어떻게 해야 공기오염을 막을 수 있을지 등 공기오염에 대해서 알아보아야겠다고 생각했습니다.

__________________초등학교 학년 _______반 _______ 번

이름: __________________ 모둠명: ____________________

■ 학습할 내용

여러분은 이번 단원을 통하여,

· 공기오염에 관련된 다양한 자료를 수집하고, 수집된 자료로부터 공기오염의 정의와 실태, 오염원, 피해 등을 정리할 수 있어야 합니다.

· 공기오염의 정의와 실태, 오염원, 피해 등을 간단한 실험을 통해서 알고, 주변 공기의 오염에 대하여 실험 및 관찰 결과를 근거로 설명할 수 있어야 합니다.

· 공기오염에 관한 학습 목표와 학습활동 계획을 모둠원들과 함께 남다르게 세워 서로 협동하면서 실천할 수 있어야 합니다.

· 스스로 자신의 학습활동 과정을 점검하고 자신의 발전과정을 뒷받침하여 보여 줄만한 학습 결과물들을 선택하여 포트폴리오를 할 수 있어야 합니다.

· 공기오염을 막을 수 있는 가장 좋은 방법을 모둠원들과의 아이디어 회의를 통해서 찾고 그것을 알릴 수 있는 캠페인을 해 보일 수 있어야 합니다.

학습계획을 세워 봅시다

'오조니'는 집에 돌아와 공기오염에 대한 신문기사를 꾸준히 모았습니다. 그리고 간간히 환경에 관한 잡지나 인터넷 자료 등도 모았습니다. 도서관에는 여러 가지 관련된 잡지와 책자들이 있어 자료를 구하기가 좋았지요. 인터넷에는 더욱 생생한 자료가 많았어요. 하지만 '오조니'는 앞으로 무엇을 어떻게 알아보아야 할지 망막해 졌습니다. 다행히도 마침 학교에서 공기오염에 대하여 공부할 수 있는 기회가 왔군요. 친구들과 함께 활동한다니 더욱 도움이 되겠어요. 어떻게 알아볼지 계획부터 세워 봐야죠.

1. 먼저, 공기가 왜 깨끗해야 하는지 친구들과 이야기해 볼까요? 친구들의 말을 적어 보세요.

2. 공기가 오염되었다고 느낄 수 있었던 경험에 대해서도 이야기해 봅시다. 친구들의 경험담을 적어 보세요.

3. 이번 단원에서의 활동 주제가 무엇인지 다시 적어볼까요?

이번 활동의 목적을 적어보세요.

4. 공기오염을 어떻게 하면 막을 수 있을까요? 모둠원들과 의논해 보고, 나온 의견들을 기록해 보세요.

5. '공기오염'에 대한 주장하는 글을 써 보세요.

6. 교과서와 전체 활동지를 살펴보고 나름대로의 학습 계획을 세워 봅시다.
('활동목표'에는 그 시간의 학습 목표가 무엇인지를 나름대로 적어 보세요. '학습계획'에는 활동지를 해결하기 위해서 미리 준비할 것이나 조사할 것, 보충할 것, 스스로 해 보고 싶은 것 등을 적어 보세요.)

활동목표	활동 단위	학 습 계 획
학습계획 세우기	개별	
	개별	
	개별 + 모둠	
	개별 + 모둠	

7. 선생님 말씀:

▶ '오조니'는 집에 돌아와 그동안 모아둔 자료들을 몇 가지 항목으로 분류하여 스크랩을 하기 시작했습니다.

공기오염이란 무엇일까요?

'오조니'는 공기오염에 관한 자료들을 스크랩하다 보니 도대체 '공기오염'이 뭐지? 하는 의문이 생겼습니다. 그리고 공기가 오염되었다는 것은 어떤 것을 말하는지를 분명히 할 필요가 있다고 생각했습니다. 스크랩한 자료들에서 공통적으로 말하고 있는 것을 찾아보면 알 수 있을까요?

1. '공기오염'이란 무엇을 말하는 것일까요?

▶ 자신이 생각하고 있는 공기오염의 뜻을 적어 보세요.

▶ 스크랩한 자료들을 바탕으로 '공기오염'이란 무엇을 말하는지 밝혀 볼까요?

각 자료에서는 공기오염을 무엇이라고 하고 있는지 적어 보세요. 어디서 나온 자료인지도 적어 주세요.

▷자료 1:

▷자료 2:

▷자료 3:

☞ 공기오염이란?

2. 공기가 오염되었다는 것을 무엇을 보고 알 수 있을까요?

▶ 자기 생각:

▶ 자료들을 찾아 적어 보세요.

3. 오염된 공기는 깨끗한 공기와 어떤 점이 다를까요?

▶ 자기생각:

▶ 자료들에서 찾아 써 보세요

4. 3곳 정도의 장소를 정하여 그곳의 공기가 오염된 정도를 순서대로 나열해 봅시다. 어떻게 해결할 수 있을까요? 그 방법에 대해서 모둠원들과 의논해 봅시다.

이름	의견	결정된 의견(○표)
나(　　　)		

▶ 모둠에서 결정된 방법대로 함께 계획을 세워 보세요.

▷ 계획:

▶ 세운 계획을 학급에 발표해 봅시다. 다른 모둠의 발표를 듣고 다음 칸에 표시해 보세요(상: ◎, 중: ○, 하: ·)

생각해 볼 내용	대상 모둠					
	우리 모둠					
조사 목적에 맞게 서로 다른 장소를 택하였다						
해결방법이 독특하다						
발표한 계획대로 하면 오염된 정도를 잘 구별할 수 있겠다						

▶ 우리 모둠의 계획에서 부족한 부분이 있으면 수정해 보세요

▶ 계획대로 수행해서 그 결과를 모둠 보고서로 제출하세요.

7. 이번 활동을 하는 동안 자신의 모습을 반성해 봅시다. 해당되는 칸에 ○표 하세요.

생각해볼 내용	매우 그렇다	약간 부족하다	매우 부족하다
스크랩자료가 풍부해서 이번 활동을 하는 데 무리가 없었다			
공기오염이 무엇을 말하는지 잘 알게 되었다			
어느 지역의 공기가 오염되었는지 안 되었는지를 스스로 알아내어 증거를 들어 설명할 수 있다			

8. 이번 활동을 하기전과 비교해서 자신이 나아진 점(새로 알게 되거나 더 잘 알게 된 점, 새로 할 수 있게 되거나 더 잘 할 수 있게 된 점, 생각이나 태도의 변화)이 있나요? 있다면 어떤 점이 어떻게 나아졌는지 증거를 들어서 제시해 보세요.

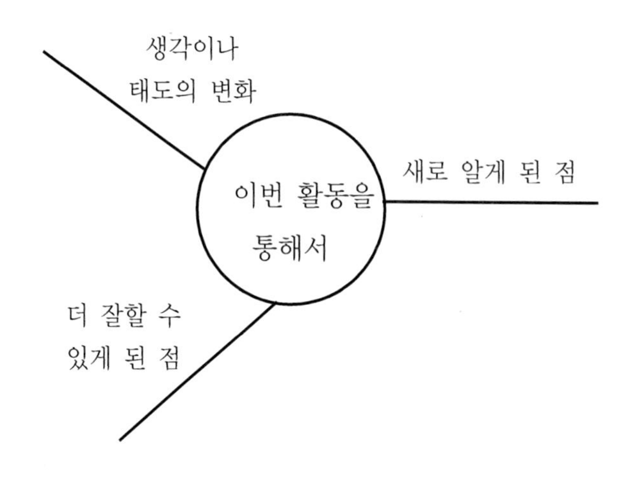

9. 이번 활동을 마치고 내가 부족하다고 생각하여 개선할 점이 있다면 적어봅시다.

공기오염으로 모두 병들어가고 있어요

'오조니'는 아침 뉴스에서 오늘 오존 지수가 0.4ppm 이므로 호흡기가 불편한 사람은 밖에 나가는 것에 주의하라는 오존경보를 듣게 되었습니다. 여름방학 때 해수욕 갔다가 들었던 뉴스 생각이 났습니다. 오존경보는 공기오염 때문에 발생되는 것이라고 했던 것 말입니다. 오존 문제는 공기오염과 어떤 관계가 있을까요? 공기가 오염되면 또 어떤 피해가 있을까요? 그리고 무엇 때문에 공기가 오염되는 것일까요?

1. 공기가 오염되면 어떤 피해가 따르게 되나요? 스크랩한 자료를 이용하여 기록해봅시다.

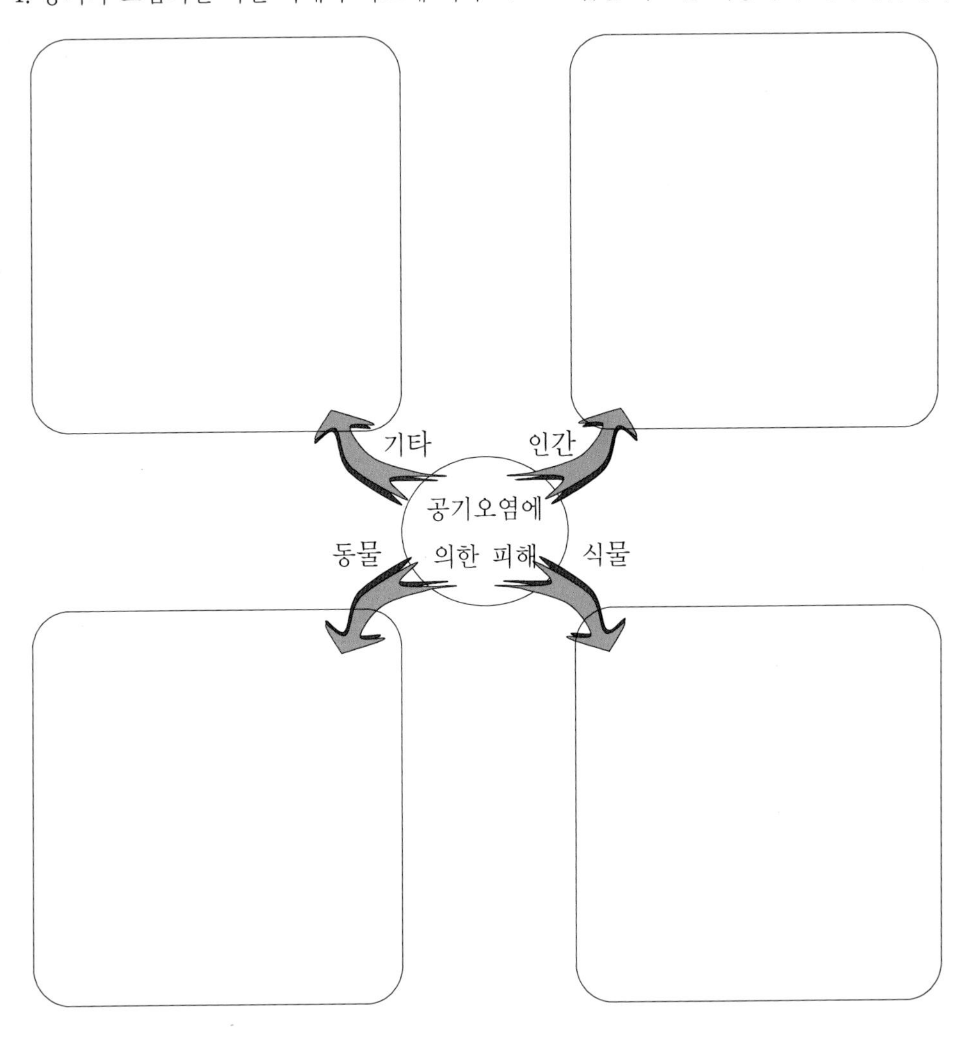

2. 스크랩한 자료를 이용하여 공기를 오염시키는 원인에 대해 정리해봅시다.

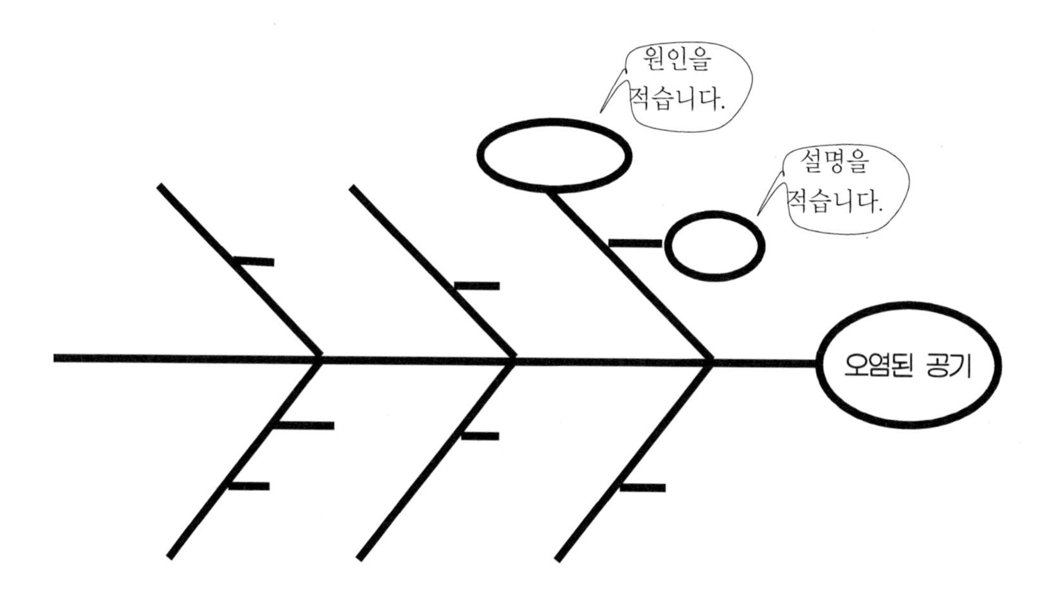

3. 공기를 오염시키는 원인이 무엇인지를 보여 줄 수 있는 간단한 실험을 계획하여 봅시다. 교과서에 있는 실험을 하여도 좋고 다른 곳에서 찾은 것을 하여도 좋습니다.

실험활동 보고서의 양식 예

날짜:

실험제목:

준비물:

실험과정

결과

4. 이번 활동을 하면서 가장 흥미 있었던 것은 무엇이었나요?

5. 이번 활동을 하기전과 비교해서 자신이 나아진 점(새로 알게 되거나 더 잘 알게 된 점, 새로 할 수 있게 되거나 더 잘 할 수 있게 된 점, 생각이나 태도의 변화)이 있나요? 있다면 어떤 점이 어떻게 나아졌는지 증거를 들어서 제시해 보세요.

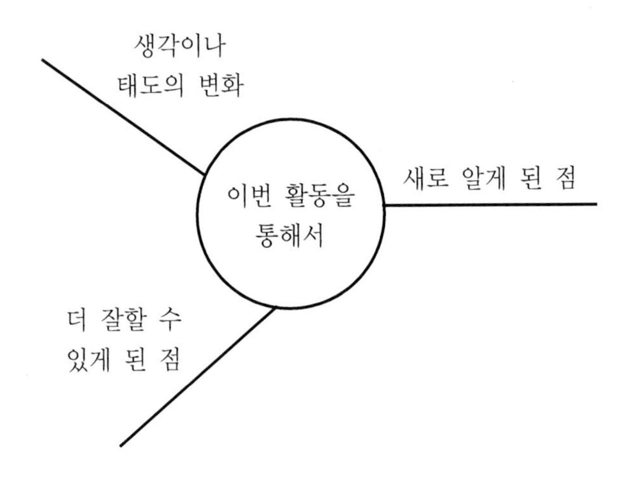

6. 이번 활동을 마치고 내가 부족하다고 생각하여 개선할 점이 있다면 적어봅시다.

공기오염을 어떻게 막을까요?

'오조니'는 공기오염에 대해서 탐구를 해 보면서 공기오염이 얼마나 위험한 것인지 깊이 깨달았습니다. 밤하늘의 별도 잘 안보이고 비염이나 기관지염 등 호흡기 질환 환자도 늘어나고 자외선 때문에 피부도 많이 상하고 산성비 때문에 비도 맘 놓고 맞을 수가 없다잖아요. 심지어는 쓰레기 소각장에서 나오는 다이옥신 때문에 아기를 낳는 데에도 나쁜 영향이 미쳐진다니 정말 큰 일이 아닐 수 없잖아요. 그러니까 어떻게든 공기오염을 막아야 할 텐데. 어떻게 하면 좋을까요?

1. 이번 시간의 활동 목표는 무엇인가요?

2. 모둠원들과 함께 '공기오염을 어떻게 막을 수 있을지'에 대해서 브레인스토밍을 하고 기록해봅시다.

▶브레인스토밍(Brainstorming)이란?

짧은 시간 동안 어떤 문제에 대해서 다양한 아이디어를 얻을 수 있는 간단한 방법으로, 형식에 구애됨이 없이 생각나는 대로 각자의 의견을 제시하는 것이다.

보통 5-6명이 모여 10-20분간 하나의 문제에 대해 토의한다.

1. 의장과 서기를 지명한다.
2. 의장은 문제와 구해야 할 답의 종류를 제시하고, 질서를 유지하며 의논이 문제로부터 너무 빗나가지 않도록 하며, 모든 제안을 기록하게 한다.

〈4가지 규칙〉

1. 다른 사람의 의견에 비판을 하지 않는다.
2. 사고의 질보다는 양을 중요시한다.
3. 어떤 생각이라도 받아들인다. 공상에 가까운 아이디어도 허용한다.
4. 남의 아이디어를 개선하거나 변형한 아이디어를 낼 수 있다

3. 브레인스토밍 결과 나온 아이디어 중에서 실천 가능한 것을 선택해 봅시다.

4. 앞에서 선택한 아이디어를 기초로 하여 공기의 오염을 방지하기 위한 캠페인을 계획하여 봅시다.

▶ 캠페인 주제:

▶ 방법은 어떤 것으로 할까요?(예: 포스터 만들기, 광고 꾸미기, CF 만들기, 노래 만들기, 만화 그리기 등)

▶ 어떻게 만들까요? 역할분담까지 해 보세요.

▶ 캠페인을 어떻게 보여 줄까요? 역할분담도 해야겠지요.

☞ 다 되었으면 연습해서 발표해 봅시다.

5. 나는 이번 활동을 얼마나 열심히 했나요? 해당되는 칸에 ○표 해 보세요.

생각해 볼 내용	매우 그렇다	조금 그렇다	그렇지 않다
공기오염을 막을 방법을 의논하는 활동이 재미있다			
공기오염방지를 위한 캠페인을 위한 작품 만들기가 재미있다			
우리 모둠의 캠페인을 보면 그대로 실천하고 싶을 것이다.			
이번 활동에 매우 열심히 참여해서 모둠원들에게 도움이 되었다			

6. 우리 모둠원들은 얼마나 열심히 했나요?(상: ◎, 중: ○, 하: ・)

생각해 볼 내용	친구이름				
공기오염을 막을 방법을 의논할 때 새로운 의견을 잘 내었다					
공기오염방지를 위한 캠페인을 위한 작품 만들기에 적극적으로 참여하였다					
이번 활동에서 가장 배울 점이 많았던 친구는 누구였나요? 그렇게 생각하는 이유는 무엇 때문인가요?					
연습을 열심히 했다					
발표는 누가 했나요?(V표)					
준비한 대로 발표를 잘 했다(발표한 사람만)					

7. 다른 모둠은 얼마나 잘 했나요? (상: ◎, 중: ○, 하: ・)

생각해 볼 내용	모둠 이름				
캠페인을 보고 공기오염을 막아야겠다는 생각이 많이 든다					
캠페인 내용에 공기오염을 막을 수 있는 좋은 방법을 제시했다					
독특한 방법과 내용으로 구성되었다					
왜 공기오염을 막아야 하는지가 잘 나타나 있다					
캠페인 내용이 흥미있다					

공기 오염을 어떻게 막을까?(자기평가)

◈ 나는 얼마나 열심히 활동했나요?
잘 생각해 보고 해당되는 칸에 ○표 하세요.

생각해 볼 내용	매우잘함	보통	잘못함
♤ 다양한 정보원을 찾아보았습니다			
♤ 모둠원들과 잘 협력했습니다			
♤ 모둠활동에 공헌을 했다			

◈ 나는 나의 이런 점을 평가받고 싶어요.

이번 단원의 학습할 내용에 비추어 볼 때 내가 전보다 나아졌다고 생각되는 점만 골라서 평가받을 수 있습니다. 잘 생각해 보고 3가지만 골라서 그 증거와 함께 얼마나 발전했는지를 제시해 보세요(발전한 증거의 예: 선생님 · 부모님 · 친구들의 평가, 활동 전과 후의 결과물 비교, 생각이나 태도의 변화 등을 포함해서 기록합시다.).

학습할 내용	활동 전	활동 후	나아진 점

공기 오염을 어떻게 막을까?(학부모평가)

번　　아동명　　　　학부모명

이번 활동은 공기 오염에 대한 시사 자료들과 간단한 실험을 통해서 공기오염의 원인과 피해를 알아보고 공기오염을 막기 위해서는 어떻게 해야 하는지를 모둠원들과 함께 모색해 보는 것으로 되어있다. 부모님께서 지켜 보시기에 댁의 자녀는 이 활동을 어떻게 수행했는지 다음 사항에 솔직하게 응답해 주시기 바랍니다.

<table>
<tr><th>생각해 볼 내용</th><th colspan="3">얼마나 잘 했나?</th></tr>
<tr><td rowspan="2">♤ 얼마나 열심히 자료를 수집하였나요?</td><td>다양한 종류의 자료를 흥미를 갖고 꾸준히 수집함</td><td>1-2가지 종류의 자료를 흥미를 갖고 꾸준히 수집함</td><td>자료 수집을 열심히 하지 못함</td></tr>
<tr><td></td><td></td><td></td></tr>
<tr><td rowspan="2">♤ 자녀의 활동 과정은 어떠했다고 보시나요?</td><td>친구들과 협조하면서 능동적이고 계획적으로 활동함</td><td>친구들에게 잘 협조하나 자신의 활동은 부족함</td><td>자신의 할 일은 어느 정도 하나 친구들과 협조가 잘 안 됨</td></tr>
<tr><td></td><td></td><td></td></tr>
<tr><td rowspan="2">♤ 이번 활동을 마치고 공기오염의 예방에 관한 이야기를 많이 하게 되었나요?</td><td>매우 많이 함</td><td>조금 하는 편</td><td>전과 다름 없음</td></tr>
<tr><td></td><td></td><td></td></tr>
<tr><td rowspan="2">♤ 이번 활동을 하고부터 공기오염에 관한 보도에 관심을 갖게 되었나요?</td><td>매우 많이 함</td><td>조금 하는 편</td><td>전과 다름 없음</td></tr>
<tr><td></td><td></td><td></td></tr>
<tr><td colspan="4">♤ 이번 과제를 수행하는 과정에서 부모님께서 보신 자녀의 활동 모습에 대하여 해주고 싶은 말씀이 있으면 써 주십시오.

♤ 이번 수행활동에 대해 자녀에게 점수를 준다면: ________________ 점 정도</td></tr>
</table>

공기 오염을 어떻게 막을까?(교사평가)

☆ 교사용 체크리스트 (상○, 중・, 하∨)

번호	이름	평가영역							
		지식이해			탐구		캠페인－창의성	태도(협동, 흥미)	특기사항
		공기 오염의 뜻	공기 오염원	공기 오염 피해	스크랩, 자료의 풍부성, 다양성	실험 및 조사활동－탐구			

참고문헌

곽병선 (1983). 통합과학교육과정의 전망과 과제, 통합교육과정의 이론과 실제. 서울: 교육과학사

권재술, 박범익 (1978). 통합과학과정의 접근방법에 관한 비교연구－개념중심방법과 과정중심접근방법을 중심으로, 한국과학교육학회지, 1: 35-43.

권재술, 김범기, 우종옥, 정환호, 정진우, 최병순 (1998). 과학교육론, 교육과학사.

김기융, 김현재, 임영득, 이춘선 (1982). 통합과학적 자연과 교수－학습에 관한 연구. 인천교대논문집, 16.

김대현, 이영만 (1995). 교과의 통합적 운영. 서울: 문음사.

김재복 (1984). 교육과정의 통합적 접근에 관한 연구. 동국대학교 대학원 박사학위논문(미간행)

김찬종, 채동현, 임채성 (1999). 과학교육학 개론. 북스힐.

김현수 (1993). 지구과학을 중심으로 한 통합과학에 관한 연구. 과학교육연구논문집. 제4집. 전주교육대학 과학교육연구소.

두산세계대백과 (2000). (주) 두산동아.

박승재 (1982). 통합과학교육－의미, 의의, 방밥 및 동향. 최종락교수 회갑기념논문집.

손연아 (1998). 통합과학교육과정의 모형개발을 위한 이론적 고찰. 단국대학교 대학원 과학교육전공 박사학위논문(미간행).

손연아, 이학동 (1994). 탐구적 통합과학 교재 개발을 위한 "FAST program"과 "중등과학교과서"의 탐구활동 비교 분석. 한국과학교육학회지, 14(1): 45-57.

신희명, 이원식 (1985). 중학 통합과학교육과정에 관한 연구. 사대논총. 제30집. 서울대학

교 과학교육연구소.

유한구 (1986). 교과 통합의 의미 고찰. 서울교육대학논문집, 19.

이규석 (1993). 통합과학교육과정의 연구--통합과학적 측면의 과목 신설 배경을 중심으로--, 한국과학교육학회지, 13(2): 198-209.

이돈희 (1982). John Dewey의 교육사상, 한국철학회: 한국교육학회, 108-109.

이영덕 (1969). 교육의 과정. 서울: 배영사.

이영덕 (1983). 통합교육과정의 개념, 통합교육과정의 이론과 실제, 한국교육개발원, 서울: 교육과학사.

이학동 (1986). 통합과학교육의 실태 조사. 한국과학교육학회지, 6(2): 43-52.

정연태, 진성덕, 전수우 (1976). Portland Project 물리-화학 통합과정 연구. 과학교육연구논총. 제1집.

조승제 (1993). 우리나라 교육과정 결정과정에 관한 연구--통합교육과정의 사례분석을 중심으로--, 강원대학교 대학원 박사학위논문.

조정일 (1993). 외국의 통합과학교육과정, 고등학교 공통과학 구성 및 집필 방향에 관한 세미나, 한국과학교육학회.

조희형 (1998). 과학교육의 이론적 배경과 그 시사점. 강원대학교.

조희형, 박승재 (1994). 과학론과 과학교육, 서울: 교육과학사.

최돈형 (1987). 통합과학 분야의 지도자 훈련 및 자료 개발을 위한 아·태지역 워크숍에 다녀와서, 교육개발, 47.

(http://pnarae.com/phil/category/sci/sci_edu.htm)

AAAS (1989). Science for all Americans. Washington, DC: The author.

Abimbola, I. O. (1983). The relevance of the "new" philosophy of science for the science curriculum. School Science and Mathematics, 83, 181-193.

Bauer, H. H. (1994). Scientific literacy and the myth of the scientific method. Urbana, Illinois: University of Illinois Press.

Boyd, R., Gasper, P., & Trout, J. D. (eds.) (1993). The philosophy of science. Cambridge, Massachusetts: The MIT Press.

Brown, H. I. (1977). Perception, theory and commitment: The new philosophy of science. Chicago: The University of Chicago Press.

Bruner, T. S. (1959). The process of education. MI: Harvard Universtiy Press.

Bynum, W. F., Browne, E. J., & Porter, R. (eds.) (1981). Dictionary of the history of science. New Jersey: Princeton University Press.

Carnap, R. (1966). An introduction to the philosophy of science. New York: Basic Books, Inc.

Chalmers, A. F. (1982). What is this thing called science 2nd ed. Milton Keynes: Open University Press.

DeBoer, G. E. (1991). A history of ideas in science education--Implications for practice, Teachers College, Columbia University.

DeGarmo, C. (1895). Herbart and the Herbartians. New York: Charles Scribner's Sons.

Dewey, J. (1963). Experience & Education. The Kappa Delta Pi Lecture Series, Macmillan Publishing company.

Donmoyer, R. (1985). The rescue from relativism: Two failed attempts and an alternative strategy. Educational Researcher, 14, 13-20.

Earman, J., & Salmon, W. C. (1992). The confirmation of scientific hypotheses. In M. H. Salmon et al. Introduction to the philosophy of science. Englewood Cliffs, New Jersey: Prentice-Hall.

Feyerabend, P. (1975). Against method. London: Verso.

Gholson, B., & Barker, P. (1985). Kuhn, Lakatos, and Laudan: Applications in the history of physics and psychology. American Psychologist, 40(7), 755-769.

Hempel, C. G. (1966). Philosophy of natural science. Englewood Cliffs, New Jersey: Prentice-Hall, Inc.

Hirst, P. H. (1974). Knowlege and curriculum. London: Routledge and Kegan Paul.

Hopkins, L. T. (1936). Viewpoint, integration: Its meaning and application, N.Y.: D, Appleton-century co.

Jardins, J. R. (1997). Environmental ethics: An introduction to environmental philosophy, 2nd ed. Belmont, CA: Wadsworth Publishing Company.

Klee, R. (1997). Introduction to the philosophy of science: Cutting nature at its seams. New York: Oxford University Press.

Kourany, J. A. (1987). Scientific knowledge: Basic issues in the philosophy of science. Belmont, CA: Wadsworth Publishing Company.

Kuhn, T. S. (1996). The structure of scientific revolutions, 3rd ed. Chicago: The University of chicago Press.

Lakatos, I. (1970). Falsification and the methodology of scientific research programmes. In I. Lakatos, & A. Musgrave. (eds.) Criticism and the growth of knowledge. London: Cambridge University Press.

Laudan, L. (1990). Science and relativism: Some key controversies in the philosophy of science. Chicago: The University of Chicago Press.

Lawton, D. (1978). Theory and practise of curriculum studies, Rouledge & Kegan Pau.

Matthews, M. R. (1994). Science teaching: The role of history and philosophy of science. New York: Routledge.

McGuire, J. E. (1992). Scientific change: Perspectives and proposals. In M. H. Salmon et al. Introduction to the philosophy of science. Englewood Cliffs, New Jersey: Prentice-Hall.

Moser, P. K., & Nat, A. V. (1987). Human knowledge: Classical & contemporary approaches. Oxford: Oxford University Press.

Mulkay, M. (1979). Science and the sociology of knowledge. London: George Allen & Unwin.

Nagel, E. (1979). The structure of science: Problems in the logic of scientific explanation. London: Routledge & Kegan Paul.

Newton, D. P. (1988). Making science education relevant. London: Kogan Page Ltd.

NSTA (1990). The NSTA position statement on science/technology/society(STS). Washington, D. C.: NSTA.

OECD (1998). Framework for assessing scientific literacy. OECD PISA, National project managers meeting, The Netherlands, May 26-30.

Patterson, C. H. (1973). Humanistic Education, New Jersey: Prentice-Hall, INC.

Phillips, D. C. (1987). Philosophy, science, and social inquiry: Contemoprary methodological controversies in social science and related applied fields of research. Oxford: Pergamon Press.

Popper, K. R. (1973). Conjectures and refutations: The growth of scientific knowledge. London: Routledge and Kegan Paul.

Pring, R. (1971). Curriculum integration, procedding of the philosophy of eudcation society of Great Britain col. 5(2): 170-200.

Radder, H. (1996). In and about the world: Philosophical studies of science and technology. Albany, New York: State University of New York Press.

Riggs, P. J. (1992). Whys and ways of science: Introducing philosophical and sociological theories of science. Carlton, Victoria: Melbourne University Press.

Stahl, N. N., & Stahl, R. J. (1995). Society and science: Decision making episodes for exploring society, science, and technology. Menlo Park, CA: Addison-Wesley

Publishing Company.

Tanner, P. & Tanner, L. N. (1980). Curriculum development, N. Y.: Macmillan Publishing co, INC.

Toulmin, S. (1967). The philosophy of science. London: Hutchinson University Library.

UNESCO (1974). New trends in integrated science teaching, V. Ⅲ, New York: UNIPUB.

UNESCO (1993). International forum on scientific and technological literacy for all.

von Glasersfeld, E. (1991). Cognition, construction of knowledge, and teaching. In Matthews, M. R. History, philosophy, and science teaching. New York: Teachers College Press.

Worton, S. N. (1964). Review notes and study guide the major works of John Dewey, New York: Monarch Press, INC.

Zeitler, W. R. & Barufaldi, J. P. (1988). Elementary school: A perspective for teachers. New York: Longman.

Ziman, J. (1980). Teaching and learning about science and society. Cambridge: Cambridge University Press.

• 저자약력

강호감(Ph.D.)

서울대학교 사범대학 생물교육과 이학사
서울대학교 대학원 과학교육과 생물전공 교육학석사
서울대학교 대학원 과학교육과 생물전공 교육학박사
현재 경인교육대학교 과학교육과 교수

김은진(Ph.D.)

서울대학교 사범대학 생물교육과 이학사
서울대학교 대학원 과학교육과 생물전공 교육학석사
서울대학교 대학원 과학교육과 생물전공 교육학박사
현재 부산교육대학교 과학교육연구소 학술연구교수

노석구(Ph.D.)

서울대학교 사범대학 화학교육과 이학사
서울대학교 대학원 과학교육과 화학전공 교육학석사
서울대학교 대학원 과학교육과 화학전공 교육학박사
현재 경인교육대학교 과학교육과 교수

박현주(Ph.D.)

세종대학교 화학과 이학사
이화여자대학교 대학원 교육학석사
미국 University of Wisconsin-Madison 철학박사
현재 조선대학교 사범대학 과학교육학부 화학전공 조교수

손정우(Ph.D.)

서울대학교 사범대학 물리교육과 이학사
서울대학교 대학원 과학교육과 물리전공 교육학석사
서울대학교 대학원 과학교육과 물리전공 교육학박사
현재 경상대학교 사범대학 과학교육학부 물리전공 조교수

이희순(Ph.D.)

서울대학교 사범대학 지구과학교육과 이학사
서울대학교 대학원 과학교육과 지구과학전공 교육학석사
서울대학교 대학원 과학교육과 지구과학전공 교육학박사
현재 경인교육대학교 과학교육과 부교수

통합과학교육

- 초판 인쇄 2007년 3월 30일
- 초판 발행 2007년 3월 30일
- 지 은 이 강호감 · 김은진 · 노석구 · 박현주 · 손정우 · 이희순
- 펴 낸 이 채종준
- 펴 낸 곳 한국학술정보(주)
경기도 파주시 교하읍 문발리 526-2
파주출판문화정보산업단지
전화 031) 908-3181(대표) · 팩스 031) 908-3189
홈페이지 http://www.kstudy.com
e-mail(출판사업부) publish@kstudy.com
- 등 록 제일산-115호(2000. 6. 19)
- 가 격 16,000원

ISBN 978-89-534-6481-0 93400 (Paper Book)
978-89-534-6482-7 98400 (e-Book)